KB265123

몰리 따위 모르고 살고 싶었겠지만

물리 따위 모르고 살고 싶었겠지만

초판 1쇄 펴냄 2025년 8월 18일

엮은이 중국과학원 물리연구소
옮긴이 황선영 | 감수 나재흠

펴낸이 고영은 박미숙 | 펴낸곳 뜨인돌출판(주)
출판등록 1994.10.11.(제406-251002011000185호)
주소 10881 경기도 파주시 회동길 337-9
홈페이지 www.ddstone.com | 블로그 blog.naver.com/ddstone1994
페이스북 www.facebook.com/ddstone1994 | 인스타그램 @ddstone_books
대표전화 02-337-5252 | 팩스 031-947-5868

편집이사 인영아 | 디자인 이기희 이민정 | 마케팅 정원식
경영지원 김은주 | 외부편집 박은영 | 외부디자인 박은영

ISBN 978-89-5807-073-3 03420

물리 따위 모르고 살고 싶었겠지만

뜨인돌

차례

함께 모험을 할 친구들

물리 군

늦은 시간, 실험실 주변을 서성이는 슈냥이를 쫓다가 맨홀에 빠져 물리도의 모험을

시작하게 된 물리 덕후. 무엇이든 물리적으로 생각하는 그는 과학 문제를 보면

참지 못하고 풀어야 직성이 풀린다. 하지만 물리도 주민들도 만만치 않다.

온갖 물리 질문을 해대며 물리 군의 탈출을 막는데…. 물리 군은 주민들의 질문을

명쾌하게 해결하고 무사히 물리도에서 탈출해 현실 세계로 돌아올 수 있을까?

일 년에 한 명씩 물리 덕후들을 물리도로 안내하는 미스터리한 고양이.

성격이 급하고 호기심이 많아 무턱대고 현장 속으로 뛰어드는 바람에

물리 군을 곤란하게 만든다. 하지만 낯선 물리도에서 물리 군이

유일하게 의지할 수 있는 귀여운 친구다.

이야기를
시작해 볼까?

냐아옹!
!!
이상한데,
내가 잘못 들었나?
? ?
아얏!
덜컹!

"휴…. 오늘 광학 실험도 망쳤네!"

M 건물에서 나온 물리 군이 습관적으로 하늘을 올려다봤다. 오리온자리가 서쪽으로 기울어 있었다. 물리 군이 이렇게 늦은 시간에 실험실에서 나온 것은 오늘이 처음은 아니었다. 요즘 걸핏하면 실험실에서 새벽 두세 시까지 밤을 새우기 일쑤였고, 기숙사로 돌아가면 룸메이트는 코를 골며 자고 있었다. 올해가 박사 과정 마지막 해인데 흡족할 만한 실험 결과는 나오지 않고, 오늘 아침에 세수할 때 3.012cm의 머리카락이 또 빠졌던 일까지 떠오르자 물리 군은 순간 짜증이 났다. 발치에 있는 돌멩이를 걷어차 풀숲으로 날려 보냈다. 돌멩이는 30°로 포물선을 그리며 5m/s로 날아갔다. 물리 군이 길게 한숨을 내쉬었다. 답답한 마음이 조금 풀리는 것 같았다.

"냐옹!"

애처롭고 날카로운 고양이 울음소리에 물리 군은 심호흡을 하다 흠칫

놀랐다.

'설마 고양이가 돌멩이에 맞은 건 아니겠지?'

꽃, 나무, 동물을 사랑하는 물리 군은 울음소리가 들린 곳으로 쏜살같이 달려갔다. 하지만 아무리 사방을 둘러봐도 고양이는 그림자조차 보이지 않았다. 방금 걷어찼던 돌멩이는 물리 연구소의 명물 맨홀 중 하나인 '슈뢰딩거의 고양이' 위에 떨어져 있었다.

물리 군이 맨홀 앞에 쭈그리고 앉았다. 상반신은 멀쩡하지만 하반신은 뼈만 남은 고양이 그림을 훑어보며 고개를 갸웃했다.

'설마 내가 들은 게 이 고양이 그림이 낸 울음소리란 말이야? 말도 안 돼. 잠이 부족하긴 한가 보네….'

물리 군이 몸을 일으키려는 순간, 누군가 그의 팔목을 덥석 잡았다. 물리 군은 무중력을 느끼는 동시에 4,700Hz의 고양이 울음소리를 들으며 캄캄한 맨홀 속으로 빨려 들어가고 말았다.

산들바람에 실려 온 낙엽이 맨홀 위로 떨어져 고양이 그림을 뒤덮었다. 주변이 쥐 죽은 듯 고요해졌다. 미미하게 흔들리고 있는 맨홀 뚜껑만이 조만간 예사롭지 않은 일이 벌어질 것임을 암시했다.

"이봐, 정신 차려! 얼른 일어나 보라고!"

물리 군은 정신이 몽롱한 가운데 얼굴에서 얼얼한 통증을 느꼈다. 익숙한 목소리가 자신을 부르고 있었다. 물리 군이 눈을 떴다. 하지만 난생처음 보는 곳이었다.

"또 길 잃은 사람이네."

옆에서 한숨 소리가 들렸다. 물리 군이 소리 나는 쪽으로 고개를 돌렸지만 아무도 보이지 않았다.

"그만 두리번거려. 네 발밑에 있으니까."

뜻밖에도 목소리의 주인공은 고양이였다!

"여긴 어디야? 나 죽었어? 넌 고양이인데 어떻게 사람 말을 해?"

물리 군이 세 가지 질문을 던졌고, 고양이는 하나하나 대답했다.

"여긴 '물리도'라는 섬이야. 여기에 사는 사람들이 물리에 호기심이 많아서 붙여진 이름이지. 나는 슈냥이라고 해! 일 년에 한 명씩, 원래 세계에서 여기 물리도로 건너오는 사람들을 만나고 있어."

"잠깐, 잠깐만! 그러니까 내가 시공간을 넘어왔다는 거야?"

물리 군이 깜짝 놀라 말했다.

"난 아직 실험도 못 끝냈고 내일 회의 준비도 해야 해. 얼른 나 좀 도와줘! 원래 세계로 돌아가려면 어떻게 해야 해?"

슈냥이가 꼬리를 살랑살랑 흔들었다.

"원래 세계로 돌아가고 싶다고? 내가 직접 도와줄 순 없지만 방법이 있긴 하지. 물리도 하늘에 떠 있는 물리대학교부터 가 보자."

통과하는 입구
여기가 물리도라고?
물리대학교로
함께 가 보자!
레옹 브릴루앙 마을
슈뇽이
물리 군
마이아르 광장
물리대학
광학 기술단지
①
②
③
⑤

물리도 안내도

집에서 만난 물리

첫 번째 미션 시작!

　물리 군은 고개를 들어 앞을 봤다. 슈냥이의 말대로 몇 채의 집과 프랑스의 유명 물리학자의 이름을 딴 '레옹 브릴루앙(Leon Brillouin) 마을'이라고 쓰인 팻말이 보였다.

　'레옹 브릴루앙 마을? 정말 '물리'스러운 이름이네. 아, 이런 생각 할 시간이 없어! 지금은 원래 세계로 돌아갈 방법을 찾는 일이 가장 급해.'

　물리 군이 레옹 브릴루앙 마을을 향해 쏜살같이 달려갔다.

　"이봐, 같이 가!"

　슈냥이도 얼른 물리 군을 뒤따라갔다. 마을에 들어섰을 때, 혼자 노는 꼬마가 보였다. 물리 군이 꼬마에게 다가가 손으로 어깨를 두드리며 물었다.

　"꼬마야, 물리대학교에 어떻게 가는지 아니?"

　꼬마는 고개를 갸웃하며 대답 대신 질문을 던졌다.

　"오빠는 축축한 손으로 날 잡았는데, 나는 왜 뜨뜻한 느낌이 드는 거예요?"

　물리 군이 당황하며 자신의 손을 들여다봤다. 조금 전에 급히 달려오느라 손이 땀에

흠뻑 젖은 모양이었다. 슈냥이가 불쑥 끼어들어 생각에 잠긴 물리 군에게 말했다.

"이 세계에는 규칙이 있어. 어떤 장소에 도착할 때마다 몇 가지 질문에 대답해야만 다음 단계로 넘어가는 길이 열리지. 마음이 급한 건 알겠는데, 네가 살던 세계로 돌아가려면 인내심을 가져야 한다고!"

물리 군은 마음을 가라앉히고 곰곰이 생각에 잠겼다.

'한밤중에 이쪽 세계로 넘어왔는데 지금은 대낮이잖아. 어쩌면 내가 살던 세계와 이곳의 시간이 다르게 흐르는지 몰라. 기왕 이렇게 된 거 이 세계를 찬찬히 탐험해 보자.'

"그 문제는 내가…."

물리 군이 대답하기도 전에 꼬마가 불쑥 말을 잘랐다.

"우아, 잘 됐다! 드디어 내 궁금증을 해결해 줄 사람을 만났네! 친구들이랑 같이 궁금한 것을 노트에 잔뜩 적어 놓았는데, 오빠가 대답해 줄 수 있어요?"

물리에 관심을 보이는 꼬마의 모습이 귀여웠다. 물리 군은 가볍게 몸을 풀며 말했다.

"좋아, 노트를 한번 볼까?"

 **왜 젖은 손으로 옷을 만지면 따뜻한 느낌이 들까?**

　손을 씻고 나서 수건에 닦거나 옷에 문지를 때 따뜻한 느낌이 드는 경우가 있어요. 보통 손을 씻을 때 쓴 물보다 수건이나 옷의 온도가 더 높기 때문입니다. 손에 있던 물기는 증발하면서 열을 빼앗아요. 그래서 손에 물기가 없었을 때보다 더 시원한 느낌이 들지요. 젖은 손으로 옷을 잡으면 손이 닿은 부분은 공기 순환이 잘 안 되고 수분 증발이 느려져요. 물기가 금방 사라지지 않아 손을 가만히 두었을 때보다 빼앗기는 열이 적기 때문에 따뜻한 느낌이 드는 거예요.

**마른행주는 처음에 물을 잘 흡수하지 못하다가
조금 젖은 뒤에야 물을 빠르게 흡수하던데, 왜 그럴까?**

　행주는 주로 섬유로 이루어져 있어요. 행주 속 섬유는 물에 잘 젖어서 물이 닿은 섬유의 접촉면에 물이 쌓이지 않고 얇게 퍼지고, 섬유 조직 사이 빈틈으로 물이 스며듭니다. 특히 젖은 행주는 빈틈 속에 이미 들어온 물 분자에 끌려 다른 물 분자들이 쉽게 좁은 틈을 따라 쭉쭉 스며드는 모세관 현상이 나타나며 물을 빠르게 흡수해요. 섬유 조직 사이 공간이 찰 때까지 젖은 행주는 물을 잘 흡수할 수 있어요.

　그렇다면 마른행주에도 빈 공간이 많은데, 왜 물을 빨아들이는 힘은 젖은 행주만큼 크지 않은 걸까요? 이것은 물의 또 다른 성질인 표면장력 때문이에요. 가득 찬 물컵에 물을 한 방울 떨어뜨렸을 때 물이 넘치지 않고 컵 위로 부풀어 있는 듯 떨어지는 모습을 본 적 있을 거예요. 액체는 다른 물질과의 경계면에서 액체 입자끼리 서로 당기며 표면적을 작게 하려고 해요. 바로 이것이 표면장력이고요. 물은 표면장력이 큰 액체에 속해요. 물의 표면장력은 생활 곳곳에서 흔히 볼 수 있는데 하루살이가 물에 떠 있는 모습이나 두 물방울이 가까워지면 순식간에 하나의 물방울로 합쳐지는 것도 모두 물의 표면장력과 관련이 있답니다. 마른행주와 물이 닿기 직전 표면장력으로 인해 둘 사이에는 경계면이 생기고 물이 마른행주에 쉽사리 스며들 수 없어요. 반면 젖은 행주는 처음부터 물기를 머금고 있어 경계면이 생기지 않기 때문에 두 물방울이 합쳐지듯 쉽게 물을 흡수하는 거예요.

Q 수건의 물기를 완벽하게 짜내려면 얼마나 강하게 비틀어야 할까?

아쉽게도 수건의 물기는 완벽하게 짤 수 없어요. 수건의 주성분은 섬유소(cellulose)예요. 섬유소는 물과 쉽게 결합하는 친수성 물질이라서 수건 속 물 분자는 섬유소와 단단히 결합해서 결합수(bound water)가 될 수 있어요. 또 수건 속 빈 공간에는 모세관 현상 덕분에 물을 가득 저장할 수 있지요. 수건을 힘껏 짜도 물 분자 중 일부는 결합수 형태로 남아 있어요. 이런 결합수는 햇볕에 말려야 없앨 수 있답니다.

꼭 손으로 짜서 물기를 없애기보다는 분당 1,200번 회전하는 세탁기의 탈수 기능을 활용하는 게 나을 거예요. 세탁기 통의 반지름이 0.2m라고 가정했을 때, 보통 수건의 질량이 500g이니까 약 1,579N(뉴턴)의 힘을 계속 가해서 '털어야' 해요. 이 힘은 161kg의 물체를 드는 힘이자 역도 69kg급의 선수가 세운 인상 세계 신기록에 맞먹는 수준이에요. 게다가 이 방법은 '짜는' 게 아니라 '터는' 거예요. '터는' 방식은 물 분자가 수건에 달라붙으려는 부착력보다 강한 원심력으로 수분을 떨어뜨리는 거예요. 정리하자면 수건을 역도 인상 세계 신기록 수준의 힘으로 짜더라도 세탁기 탈수 기능을 돌린 것만큼 물기를 없앨 수는 없답니다.

**치약을 짜도 튜브 밖으로 나오는
색 띠가 섞이지 않는 이유가 무엇일까?**

아래 그림은 2가지 이상의 색으로 이루어진 치약을 반으로 잘랐을 때 볼 수 있는 단면이에요.

치약의 주성분인 연마제는 첨가한 성분에 따라 다른 색이 됩니다. 외부 힘에 의해 쉽게 형태가 변하고 자유롭게 흐를 수 있는 물질을 유체라고 하는데, 대표적인 빙햄 유체이자 비뉴턴 유체 중 하나인 치약은 대부분 힘을 주지 않으면 단단한 상태를 유지하지만 강한 힘을 주면 점성이 있는 유체처럼 움직여요. 쉽게 말해서 치약은 가만히 두면 고체처럼 탱탱하지만 힘주어 짜면 액체처럼 부드럽게 흐르죠. 치약을 짤 때 각 성분이 섞일지 아닐지는 치약의 레이놀즈 수(유체 흐름을 예측하는 데 사용하는 수치)를 통해 알 수 있어요. 점성이 커서 레이놀즈 수가 작을 때는 규칙적으로 흐르는 층류가 되는 반면, 점성이 작아서 레이놀즈 수가 클 때는 무질서하고 서로 뒤섞이는 난류가 되는 거예요. 치약의 색 띠가 가진 각각의 레이놀즈 수를 조절해 층류만 생기도록 만들면 색 띠는 서로 섞이지 않겠지요. 물론 치약에 물이 묻으면 점성이 떨어져서 결국 색 띠가 섞이겠지만요.

 **젖은 땅에 치약이 떨어졌을 때,
치약과 가까이 있는 물은 왜 옆으로 퍼질까?**

이 문제를 풀려면 접촉각에 대해서 알아야 해요. 질문에서 말한 상황은 아래 그림을 통해 나타낼 수 있어요. 그림처럼 기체, 액체, 고체가 서로 맞닿으면 세 가지 표면장력 사이에 상호작용이 일어나요.

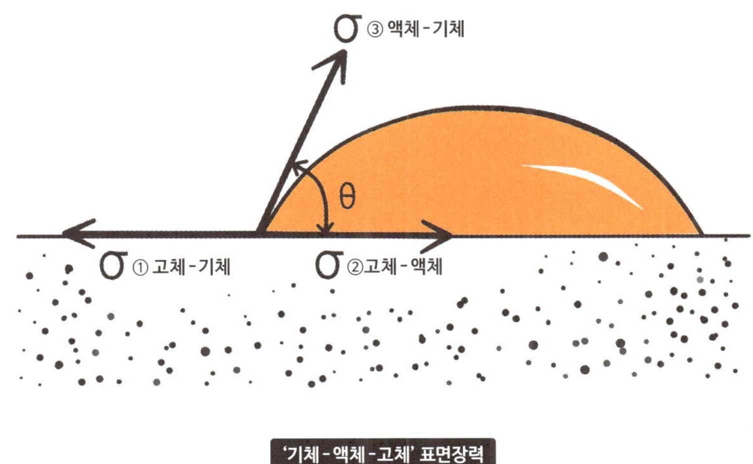

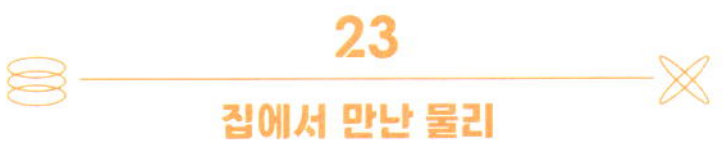
'기체 - 액체 - 고체' 표면장력

표면장력 ①은 물방울을 펼치려 하고 ②는 물방울을 뭉치려 해요. 그리고 θ가 90°보다 작을 때는 표면장력 ③도 물방울을 뭉치려 하지요. 여기서 표면장력 ②와 ③ 사이의 각도 θ가 바로 접촉각이에요. 간단한 역학 분석을 통해 아래의 공식을 도출할 수 있습니다. 좌우 힘이 평형을 이루므로 ①=②+③cosθ, 따라서 cosθ= (①-②)/③입니다.

$$\cos\theta = \frac{① - ②}{③}$$

우리가 평소에 쓰는 치약에는 대부분 물에 잘 녹는 친수성 성분과 물에 잘 안 녹는 소수성 성분을 함께 가진 계면활성제가 들어 있어요. 계면활성제가 물에 닿으면 물과 기체의 경계면에 재빨리 엉겨 붙는데, 이때 계면활성제의 친수성 성분은 액체 쪽으로 향하고 소수성 성분은 기체 쪽으로 향해서 표면장력을 빠르게 떨어뜨리죠.

다시 질문으로 돌아가 볼게요. 젖은 땅에 치약이 떨어지면 치약 거품 주변에 있는 물은 계면활성제가 스며들어서 표면장력이 약해져요. 물방울은 뭉치는 힘이 약해지고 고체 표면에 납작하게 퍼지려는 힘이 훨씬 강해지기 때문에 접촉각 θ가 작아지겠지요(cosθ는 θ가 0°일 때 1이고, 90°에 가까워질수록 0으로 작아지므로 cosθ의 증가는 θ의 감소를 의미해요). 그 결과, 치약 거품 주변의 물 표면이 멀리 떨어진 곳의 물 표면보다 우묵해져서 옆으로 퍼진 것처럼 보이는 거예요.

양치질을 다 하고 치약거품을 뱉을 때, 왜 물속에서 사방으로 퍼질까?

치약에는 거품을 만드는 계면활성제가 들어 있기 때문이에요. 계면활성제는 액체의 접촉면 상태를 변화시켜서 표면장력을 떨어뜨리거든요.

계면활성제가 스며든 부분은 표면장력이 약해지는 동시에 표면장력이 강한 깨끗한 물에 끌려가서 물의 흐름을 만들어요. 계면활성제가 표면장력을 떨어뜨리는 원리는 분자 구조를 통해 알 수 있어요. 계면활성제 분자는 일반적으로 물과 친한 친수성 머리와 물과 친하지 않은 소수성 꼬리로 이루어져 있어요. 친수성 머리는 물과 결합하는 것을 좋아하고, 소수성 꼬리는 물을 싫어하지요. 계면활성제가 물 표면에서 퍼지는 모습은 아래 그림과 같아요.

계면활성제 분자에서 친수성 머리는 물과 결합하고, 물 밖으로 밀려난 소수성 꼬리는 공기 중에 노출된 채로 물 표면의 분자들을 끊어내요. 그 결과, 표면장력이 약해져서 치약 거품 주변에 있는 물방울이 사방으로 퍼지는 거고요. 이 원리를 통해 물 표면에 떨어진 치약 거품이 사방으로 퍼지는 현상을 이해할 수 있을 거예요.

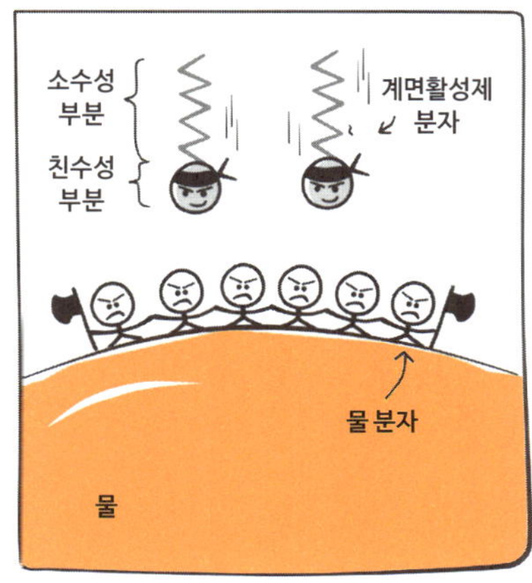

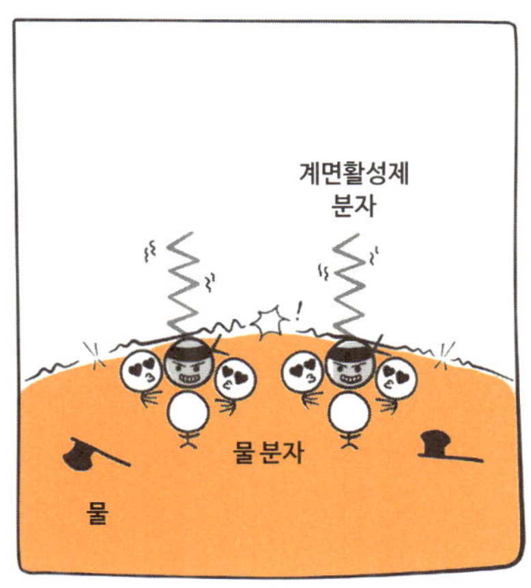

**Q 바디워시로 목욕하면 피부가 미끄러운데 비누를 쓰면
그렇지 않다. 바디워시가 제대로 닦이지 않은 걸까?**

모든 바디워시가 몸을 부드럽게 만드는 것은 아니에요. 그런 느낌은 바디워시의 주요 성분과 관련이 있답니다. 비누의 주성분은 지방산나트륨이에요. 이 성분이 물에 녹으면 양전하를 띠는 나트륨 이온(Na^+)이 떨어져 나가고, 남은 지방산이 음전하를 띠는 음이온 계면활성제가 돼요. 음이온 계면활성제는 피부 표면의 기름기를 벗겨 내 물과 함께 흘려보내죠.

다만 음전하를 띠는 지방산 부분은 물에 있는 칼슘 이온(Ca^{2+})이나 마그네슘 이온(Mg^{2+})과 결합해 비누 찌꺼기를 만든다는 단점이 있어요. 비누로 목욕했을 때 피부가 건조해지는 것은 피부 표면에 남은 비누 찌꺼기 때문이에요.

일부 바디워시에는 비누와 달리 양쪽성 계면활성제나 양이온 계면활성제가 들어 있어요. 이러한 계면활성제는 물에 있는 칼슘 이온이나 마그네슘 이온과 결합하지 않아서 찌꺼기가 생기지 않습니다. 다만 피부에 쉽게 달라붙고 잘 씻겨 나가지 않아서 깨끗이 닦이지 않은 듯 미끄러운 느낌이 들지요.

비누와 성격이 비슷한 음이온 계면활성제가 함유된 바디워시도 있어요. 성분표에 지방산(혹은 팔미트산, 라우르산)과 수산화나트륨(혹은 수산화칼륨)이 있다면, 비누와 유사한 제품이에요. 그런 바디워시로 씻으면 비누를 쓴 것처럼 피부가 건조하고 뽀득뽀득해진답니다.

Q 왜 거품망을 쓰면 비누 거품이 잘 생길까?

질문에 답하기 전에 우선 거품이 무엇인지 알아볼게요. 거품의 과학적 정

의는 '액체나 고체에 둘러싸인 기체 방울'이에요. 우리가 잘 아는 거품은 바로 공기가 물속에 갇힌 거예요. 이때 비누의 계면활성제는 물과 함께 공기를 둘러싸 거품이 형태를 유지할 수 있도록 도와줘요. 거품이 생기려면 공기와 비눗물이 함께 일해야 합니다. 거품망의 촘촘한 격자 구멍에 비눗물이 잔뜩 묻고 그 격자 구멍 사이로 공기가 가득 스며들면, 비눗물은 공기와 여러 방향으로 접촉해 풍성한 거품을 만들어요. 반면 비누를 몸에 직접 대고 문지르면 비눗물과 공기가 맞닿는 면적이 줄어들죠. 그러면 공기가 비눗물 사이로 잘 스며들지 못하고, 기체 방울을 만드는 것이 어려워지기 때문에 거품이 잘 나지 않는답니다.

손 세정제액을 쫀쫀한 고밀도 거품으로 만드는 용기는 무슨 원리일까?

어렸을 때 불던 비눗방울을 한번 떠올려 볼까요? 비눗방울을 만들려면 몇 가지가 필요해요. 첫째로 비눗물, 둘째로 고리 모양의 기구, 셋째로 바람이 있어야 하지요. 고리 모양 기구에 비눗물을 묻혀서 후 불면 비눗방울이 만들어집니다.

거품용기도 비눗방울 만들기의 세 가지 조건을 똑같이 갖추고 있습니다. 우선 비눗물에 해당하는 액체가 필요해요. 거품용기에는 바디워시처럼 걸쭉한 액체가 아니라 계면활성제가 들어간 다소 묽은 액체를 써야 해요. 다들 알다시피 바디워시를 그냥 불면 비눗방울이 만들어지지 않잖아요. 물에 희석해야 거품을 낼 수 있지요. 고리 모양 기구와 바람에 해당하는 펌프도 필요해요. 거품기는 일반적인 분무 펌프가 아니라 거품 펌프를 쓰는데, 이 거품 펌프에는 두 가지 중요한 부분이 있어요. 고리 모양 기구 역할을 하는 여과망과 바람을 만드는 기실(氣室, air cell)이죠. 눌렸던 펌프가 위로 솟으면 펌프 위쪽의 압력이 낮아져서 용기에 담긴 액체가 위로 끌려 올라오는 동시에 기실에 공기가 흘러들어요. 이때 펌프를 다시 누르면 압력이 높아져서 공기와 액체가 여과망을 지나 거품이 되는 거예요. 여과망이 촘촘할수록 쫀쫀한 거품을 만들 수 있답니다.

Q 왜 물에서는 손가락을 튕겨도 소리가 나지 않을까?

질문이 손을 물에 담그고 튕겼을 때 소리가 안 나는 이유를 묻는 것인지, 손이 물에 젖은 상태로 튕겼을 때 소리가 안 나는 이유를 묻는 것인지 모르겠지만 어느 쪽이든 상관없어요. 사실 손가락을 튕기는 것이 고급 기술이라서 두 경우 모두 조건이 조금만 안 맞아도 소리를 낼 수 없어요.

대부분 손가락을 튕길 때 중지가 손바닥의 엄지 두덩근을 세게 때려서 큰 소리가 나는 줄 알아요. 실제로는 약지와 소지가 손바닥에 맞닿아 생긴 빈 공간이 울려서 큰 소리가 나는 거랍니다. 못 믿겠다면 약지와 소지를 쫙 펼치고 손가락을 튕겨 보세요. 소리가 작고 답답해지지 않았나요? 손을 물에 담그고 튕기면 소리를 울리는 매질, 즉 소리를 전달하는 매개물이 달라졌기 때문에 전처럼 맑고 큰 소리가 나지 않는 거예요.

손가락을 튕길 때 중지의 속도를 맞추기도 꽤 까다로워요. 손가락을 튕기기 직전 순간에 중지와 엄지가 받는 마찰력은 아주 커서 이를 이기려고 큰 힘을 주게 됩니다. 하지만 중지가 엄지의 첫 번째 마디를 스쳐서 손가락의 각도가 달라지면 마찰력이 급속도로 줄어들기 때문에 중지가 빠르게 엄지 두덩근을 때리지요. 불과 몇 밀리초(ms) 사이에 이 모든 과정이 벌어지는 동안 중지는 마치 달리는 경주마처럼 빠르게 움직여요.

하지만 손에 물기가 있거나 손을 물에 담그면 마찰력의 변화가 그다지 크지 않아서 중지의 움직임이 소리를 낼 만큼 빨라지지 않아요. 그래서 크고 맑은 소리를 절대로 낼 수 없는 거예요.

Q 이불은 왜 햇볕에 널고 나면 더 푹신푹신하고 묵직할까?

비가 그치거나 꿉꿉한 날이 지나면 이불을 들고 밖으로 나가 햇볕에 말리곤 해요. 이렇게 하면 균과 진드기가 제거될 뿐 아니라 보온성도 회복되지요. 햇볕에 말린 이불이 새로 산 이불처럼 도톰하고 푹신푹신해진 것 같다고 느껴질 때가 있어요. 면섬유 사이사이에 따뜻한 공기가 가득 차기 때문이지요. 게다가 햇볕을 쬐고 난 뒤에 이불 속 공기량이 늘어나면 면섬유가 느슨해져서 탄력성과 보온성이 좋아지고, 자외선이 이불 속 수분과 병균을 제거해서 감기 같은 유행성 질병을 예방할 수 있어요. 그러면 이불을 더 오래, 건강하게 쓸 수 있겠지요.

다만 주의할 점이 있어요. 많은 사람이 햇볕에 말린 이불을 툭툭 털곤 하는데, 그렇게 하면 먼지가 떨어지고 이불이 더욱 푹신푹신해질 거라고 생각하기 때문이지요. 전문가는 그런 행동에 과학적인 근거가 없다고 지적해요. 오히려 이불을 강하게 털면 이불 속 따뜻한 공기가 빠져나가서 푹신푹신한 느낌이 떨어질 수 있어요. 햇볕에 말린 이불이 갑자기 도톰해져서 무거워진 것 같다고 착각할지도 모르겠네요. 그러나 이불의 무게가 달라지지는 않아요.

대형마트의 무빙워크가 카트를 고정하는 원리는 무엇일까?

관찰력이 좋은 친구들은 분명 무빙워크 바닥에 줄줄이 파여 있는 오목한 홈을 발견했을 거예요. 카트를 끌고 무빙워크를 타면 카트의 바퀴가 홈에 끼이는 것을 종종 볼 수 있어요. 이때 카트가 붙잡힌 느낌이 드는데, 실제로도 그렇답니다.

아래 그림을 보면 카트의 바퀴는 바깥쪽 바퀴인 고무 재질의 외륜과 안쪽 바퀴인 내륜, 브레이크 블록으로 이루어져 있어요. 외륜의 폭은 무빙워크 표면에 있는 홈의 폭과 비슷하지요. 카트가 무빙워크에 오르면 외륜이 눌리면서 홈에 끼워지고, 바퀴의 측면과 홈의 측면에 마찰력이 생겨서 바퀴가 앞이나 뒤로 쏠리지 않는 거예요. 다만 외륜이 심하게 마모되면 마찰력이 줄어들거나 생기지 않아서 바퀴가 홈에 완전히 끼어도 카트가 움직일 수 있어요. 브레이크 블록은 이런 상황을 방지합니다. 바퀴의 외륜이 꽉 끼워지지 않고 홈의 바닥에 닿으려고 하면 브레이크 블록이 먼저 무빙워크의 표면에 닿아 마찰을 일으켜 카트를 붙잡는 거예요.

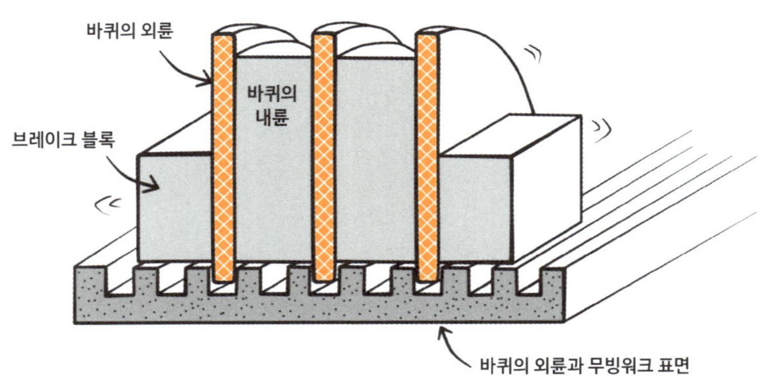

카트와 무빙워크 단면도

무빙워크 표면과 무빙워크가 끝난 지점의 철판 사이에는 '콤'이라는 부품
이 있어요. 콤은 약간 경사가 있고 무빙워크 홈과 맞물리는 구조라서 카트가
무빙워크의 끝에 도착하면 홈에 끼워져 있던 바퀴를 차츰 위로 끌어내 원래
대로 굴러갈 수 있도록 도와줘요.

Q 물에 젖은 종이는 왜 쉽게 찢어질까?

이 문제에 답하려면 우선 종이를 만드는 대략적인 과정을 알아야 합니다.
종이는 주로 섬유와 작은 고체 입자들로 구성된 그물 모양의 재료로 만들어
져요. 여기서 섬유는 일반적으로 식물 섬유인 섬유소예요. 섬유소 분자는 많
은 하이드록시기(-OH)를 가져서 다른 섬유소 분자나 물 분자와 수소 결합을
할 수 있지요.

종이의 원료를 건조시켜 물이 없어지면 섬유소 분자들이 수소 결합을 할
만큼 가까워져서 종이가 만들어지는 거예요. 다시 말해 종이의 강도는 섬유
소 분자 간의 수소 결합력에서 나옵니다. 종이가 물에 젖으면 섬유소 분자 사
이의 수소 결합이 풀리면서 분자 간의 거리가 다시 멀어지기 때문에 강도도
자연히 떨어져요. 그래서 물에 젖은 종이는 쉽게 찢어지는 거랍니다.

Q 종이는 왜 물에 담갔다가 말리면 쭈글쭈글해질까?
다른 액체에 담갔다가 말려도 똑같을까?

종이의 주성분인 섬유소 분자에는 하이드록시기가 많아요. 종이의 강도는

보통 하이드록시기 분자들 사이에 생긴 복잡한 형태의 수소 결합에 따라 결정됩니다. 종이가 물을 흡수하는 것은 하이드록시기가 친수성이기 때문이지요. 물을 흡수한 섬유 세포의 부피가 팽창하는 것을 '섬유의 팽윤'이라고 합니다. 물 분자가 섬유 세포 속으로 들어가 하이드록시기와 결합하면 섬유의 부피가 늘어나는 것이지요. 섬유의 팽윤으로 두 가지 변화가 생겨요. 우선 섬유의 응집력이 약해집니다. 또 섬유 세포벽의 구성 요소들이 서로 미끄러지면서 질긴 섬유가 부드러워지고 가소성(변형이 가해졌을 때 형태가 돌아오지 않는 성질)을 지니게 되지요.

젖은 종이에 물리적인 힘을 가하지 않고 자연스럽게 말리면, 섬유소 분자들이 서로 밀고 밀렸던 탓에 밀도가 고르지 않아 처음의 긴밀한 결합 구조를 회복할 수 없어요. 그래서 종이가 물에 젖었다가 마르면 쭈글쭈글해지는 것이지요. 물 분자처럼 극성 분자로 이루어진 다른 액체에 담가도 비슷한 현상을 볼 수 있어요. 이러한 현상은 액체 분자의 극성과 가장 밀접한 관련이 있거든요. 쭈글쭈글해진 종이에 다시 물을 뿌려서 두꺼운 사전으로 눌러두면 종이가 평평하게 말라요. 종이를 만드는 과정 중 펄프를 반죽한 다음 섬유소 분자들의 수소 결합이 잘 이루어지도록 꽉 눌러 압력을 가하는 것과 비슷한 원리입니다.

Q 음료를 쏟은 바닥은 왜 시간이 지나면 끈적끈적해질까?

음료에 당류가 많이 들어 있기 때문이에요. 당은 물을 끈적거리게 합니다. 다만 음료가 바닥에 쏟아졌을 때는 비교적 물의 비율이 높아서 농도가 연해 별로 끈적이지 않지요. 그러나 물이 증발할수록 당의 농도가 진해져 바닥이 끈적거려요.

물에 당을 녹였을 때 점성이 강해지는 이유는 수소 결합 때문입니다. 액체의 점성에 영향을 미치는 것은 액체 분자끼리 상호작용하는 힘이에요. 분자 간의 상호작용이 강할수록 결합이 튼튼하고 액체는 더욱 끈적거리죠. 당 분자가 대량의 물 분자나 다른 당 분자와 수소 결합해서 액체를 끈적끈적하게 간드는 거예요.

이런 의문이 들 수 있을 거예요. 수소 결합은 물 분자끼리도 일어나는데 왜 순수한 물은 끈적거리지 않을까?' 그 이유는 일반적으로 당류의 분자가 더 크고 복잡하기 때문입니다. 음료에 가장 흔히 쓰이는 당류인 설탕(수크로오스)을 예로 들어 볼게요. 1개의 설탕 분자에는 탄소 원자가 12개, 수소 원자가 22개, 산소 원자가 11개 들어 있어요. 여기서 수소 원자와 산소 원자는 수소 결합을 통해 물 분자나 다른 설탕 분자와 연결되고, 심지어 두 개의 분자 사이에서 수소 결합이 여러 차례 일어나기도 해요. 이 복잡한 과정을 통해 생기는 원자단(atomic group)은 수소 원자 2개와 산소 원자 1개로 구성된 물 분자의 수소 결합으로 생기는 원자단보다 훨씬 긴밀하지요. 순수한 물에서 수소 결합이 많이 일어난다 해도 당류를 녹인 물처럼 끈적거리지 않는 거예요.

제로 칼로리 음료로 같은 실험을 해 볼 수 있습니다. 제로 칼로리 음료는 설탕이나 과당 대신 대체 감미료가 들어 있어요. 바닥에 당류 음료와 제로 칼로리 음료를 쏟은 뒤 어느 쪽이 더 끈적거리는지 한번 비교해 보세요.

Q 텀블러의 보온 효과는 어떤 요소와 관련이 있을까?

텀블러는 보온병에서 발전된 것으로 기본적인 보온 원리가 같아요. 1892

년에 화학자 제임스 듀어는 이중유리로 된 용기를 만들었습니다. 그 용기의 내벽에 은을 칠한 다음, 유리 사이의 공기를 빼 보온병을 개발하고, 특허까지 내서 보온병은 '듀어병'이라고도 불려요.

텀블러는 간단히 말해서 보온 기능이 있는 컵입니다. 보통 세라믹이나 스테인리스로 진공층을 덧대 물을 담을 수 있는 형태로 만들고, 맨 위에는 뚜껑을 씌워 단단히 밀봉해요. 그러면 진공층이 액체의 열이 빠져나가는 속도를 늦춰 온도가 유지됩니다.

열 전달 방식은 세 가지로 나뉩니다. 이웃한 입자에게 차례로 열을 전달하는 전도, 보통 기체와 액체 입자가 직접 이동하며 열을 전달하는 대류, 전자기파 방출을 통해 열을 전달하는 복사입니다. 진공층 내부에는 열을 전달할 매질이 없기 때문에 전도와 대류를 효과적으로 막을 수 있어요. 또한 복사열은 진공층 내벽에 도금된 열반사층에 계속 반사돼서 텀블러를 빠져나갈 수 없죠. 이런 원리로 온도가 유지되는 거예요.

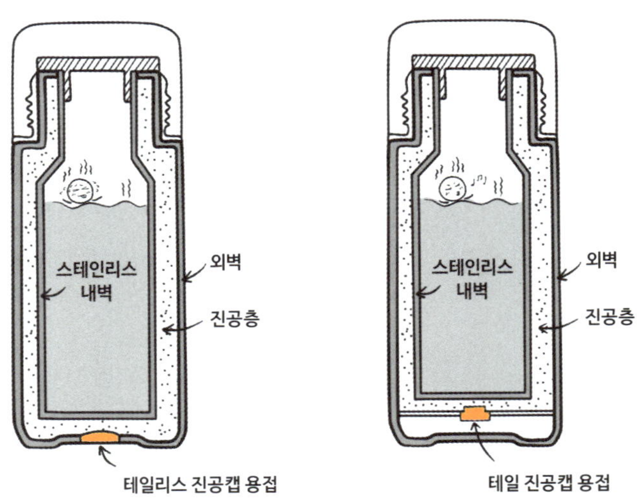

옆의 그림은 흔히 볼 수 있는 두 가지 텀블러의 구조예요. 테일리스 진공캡 용접 기술로 만든 텀블러는 진공층에 공기가 스며들 확률을 확 낮춰서 효과적으로 온도를 유지해요. 또한 진공 텀블러는 뚜껑의 밀폐력이 뛰어납니다.

텀블러는 주로 진공층과 열반사층을 도금한 내벽을 통해 온도를 유지해요. 정리하자면 뚜껑의 밀폐력을 고려하지 않았을 때, 보온 효과에 영향을 미치는 핵심 요인은 진공층의 진공도와 내벽의 열 반사 능력이에요. 이러한 요소들은 주로 텀블러를 만드는 과정에서 쓰이는 재료와 기술로 결정됩니다.

Q 왜 젖은 손으로 유리잔 주둥이를 문지르면 소리가 날까?

소리란 물체의 진동이 인간이나 동물의 청각기관이 감지할 수 있도록 공기나 다른 고체, 액체 등의 매질(파동을 전달하는 물질)을 통해 전달되는 현상을 말합니다. 젖은 손으로 유리잔 주둥이를 문질렀을 때 소리가 나는 것은 물체에서 발생한 진동을 매질이 전달해서 우리가 감지했기 때문이에요.

가만히 생각해 보면 젖은 손으로 유리잔을 만졌을 때만 소리가 나는 것은 아니에요. 사실 맨손으로 종이, 책상, 옷 등 어떤 물체의 표면을 문지르거나 비벼도 소리가 나잖아요. 젖은 손으로 유리잔 주둥이를 문질렀을 때 나는 소리는 왜 유독 다르게 느껴질까요? 이유는 그 소리가 아주 특별하기 때문이에요. 유리잔에 각기 다른 양의 물을 넣으면 악기처럼 연주도 할 수 있지요. 어떤 사람은 소리만 듣고도 문지른 물체의 정체를 알아내기도 해요. 그 옷의 소재가 나일론인지 면섬유인지, 그 물체를 강하게 비비는지 살살 문지르는지 등을 구분하는 거예요.

상황에 따라 소리가 달라지는 원리를 간단히 분석해 볼게요. 어떤 물체의 표면을 문지르거나 강하게 비비면 접촉면의 분자들이 만나 진동해요. 문지르는 순간 강하게 진동하던 분자들은 점차 감쇠(진동이 줄어듦)하는데, 감쇠의 형태는 아래 그래프와 같이 상황에 따라 다양하게 나타납니다.

접촉면 분자의 진동수나 진폭이 달라지면 매질이 전달하는 소리도 달라져요. 진동수가 얼마인지, 진폭이 얼마나 빠르게 변하는지는 각 물체가 가진 고유의 성질과 구체적인 상황에 따라 크게 달라지기 때문에 여러 가지 다양한 소리가 날 수 있어요. 우리는 소리의 높낮이, 크기, 음색을 통해 물체의 종류를 판단하거나 문지르는 강도가 다름을 느낄 수 있죠.

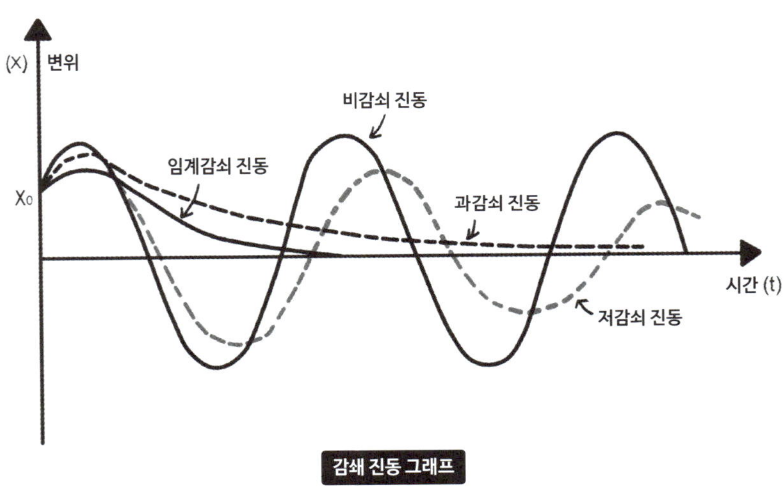

감쇄 진동 그래프

Q 왜 빈 컵이나 빈 꽃병에 귀를 대면 소리가 울릴까?

특정 진동수의 주변 소음이 닫혀 있는 빈 공간인 공동(空洞, cavity)에서 증폭되기 때문이에요. 어떤 진동수의 소리를 증폭시키는 데 크기와 모양이 영향을 미쳐요. 외부 소음은 울리는 소리의 연주자인 셈이지요. 만약 공기가 진동을 전달하지 못하도록 외부의 소음과 공동을 완전히 단절시킨다면, 소리가 울리지 않을 거예요. 시끄러운 거리에 서서, 그리고 눈 내리는 날 집에 앉아서 빈 컵에 귀를 가까이 대 보세요. 분명 조용한 집에서 듣는 소리보다 클 거예요. 이 원리는 관악기가 소리 내는 원리와 똑같답니다.

Q 보온병에서 들리는 소리로 보온 효과를 판단할 수 있다는 말은 과학적인 근거가 있을까?

보온병에 귀를 갖다 대면, 보온병 안으로 들어온 외부 음파가 진공층으로 전달되지 않고 내벽에 반사되기 때문에 웅웅 소리가 나요. 보온 효과가 좋은 브온병은 한번 들어간 음파가 다시 나오지 못해 끊임없이 웅웅 소리가 날 거예요. 만약 웅웅 소리가 들리지 않는다면 보온병 내벽이 이미 망가져서 더는 브온이 되지 않는다는 뜻이겠지요. 웅웅 소리가 작을수록 보온 기능은 떨어지는 거고요.

Q 컵에 담긴 물을 다른 컵에 따르면 물이 표면을 타고 흐를 때가 있다. 왜 그럴까?

이 현상을 '찻주전자 효과'라고 합니다. 차가 담긴 찻주전자를 아주 천천히 기울여 따르면 찻물이 찻주전자 주둥이의 벽을 타고 흘러서 탁자로 떨어지곤 하지요. 참 흥미로운 현상이에요. 많은 물리학자가 이 현상을 연구했고, 2010년 미국 물리학회가 발간하는 학술지 〈피지컬 리뷰 레터(Physical Review Letters)〉에는 재료의 습윤성과 찻주전자 효과의 관계에 관해 깊이 연구한 논문이 실리기도 했어요. 이 논문에 따르면, 찻주전자 효과에 영향을 미치는 세 가지 요인은 물을 따르는 속도, 재료의 습윤성, 주전자 주둥이의 곡률이라고 합니다.

일상의 경험을 통해 알 수 있듯이, 물을 따르는 속도는 찻주전자 효과에 아주 큰 영향을 미칩니다. 물을 따르다가 주전자를 느리게 꺾어 올리면 물은 주전자 주둥이를 타고 흘러내리죠.

재료의 습윤성은 주전자를 만든 재료가 친수성인지 소수성인지를 말합니다. 위 논문에서 언급한 핵심은 다음 그림으로 설명할 수 있어요. 주전자 주둥이를 친수성 재료로 만들면 물을 따르는 속도가 느려졌을 때, 그림처럼 물이 주전자 주둥이를 타고 흘러내려요. 반면 주전자 주둥이에 소수성 재료를 입히면 물을 따르는 속도가 느려져도, 그림처럼 물이 주둥이를 타고 흘러내리지 않고 눈물처럼 방울방울 떨어지는 것을 확인할 수 있어요.

마지막 요인은 주전자 주둥이의 곡률입니다. 일상의 경험을 적용하면 쉽게 이해할 수 있어요. 주전자 주둥이가 동그란 모양일수록 물이 주둥이를 타고 흐를 확률이 높아져요. 반대로 주전자 주둥이가 뾰족할수록 찻주전자 효과는 잘 나타나지 않죠.

왜 건조할 때 정전기가 더 잘 생길까?

일단 정전기가 생기려면 물체 표면에 전하가 모여야 합니다. 다시 말해 정전기는 물체가 지닌 '양전하(+)'와 물체가 지닌 '음전하(-)'의 균형이 무너져 특정 전하를 띨 때 나타나는 현상이에요. 중학교 때 배우는 마찰 전기가 정전기의 예라고 할 수 있지요. 물론 마찰이 정전기를 발생시키는 유일한 조건은 아니에요.

한 곳에 모인 전하는 저절로 사라지지는 않기 때문에 전하가 빠져나가는 방전이 일어나야 원래 상태로 돌아와요. 한도 이상의 전하가 쌓였을 때 다른 물체를 만지면 한순간에 스파크가 튀며 방전이 일어나는데, 순간의 전압은 꽤 높지만 사실 전달되는 에너지는 아주 약해요. 이런 방전을 '불꽃방전'이라고 합니다. 정리하자면 정전기에는 중요한 두 가지 요소가 있어요. 하나는 전하가 모이는 것, 다른 하나는 쌓여 있는 전하가 빠져나가는 것이지요.

건조한 공기는 위에서 말한 두 요소에 어떤 영향을 미칠까요? 첫째로 습도에 따라 사람의 피부와 공기의 전기 전도도가 달라집니다. 전기 전도도란 물체에 전류가 잘 흐르는 정도를 말해요. 건조한 공기는 수증기가 많지 않아서 전기 전도도가 떨어져요. 전하는 공기 중으로 방전되지 못하고 계속 피부에 쌓이지요. 둘째로 습도에 따라 전하의 분포가 달라집니다. 습도가 높으면 공기 중의 수증기가 물체의 표면에 달라붙어서 전하가 모이는 것을 어느 정도 막아 줘요. 그래서 날이 습하면 정전기가 잘 일어나지 않아요.

수업 시간에 '고체는 기체보다 소리를 잘 전달한다'라고 배웠는데, 방에서 창문을 닫으면 왜 시끄러운 바깥 소리가 확 작아질까? 이 현상은 '고체는 기체보다 소리를 잘 전달한다'라는 논리에 어긋나는 것이 아닐까?

수업 시간에 배운 내용과 창문을 닫았을 때 소리가 작아지는 현상은 모순이 아니에요. 소리는 물체의 진동으로 생깁니다. 소리 내는 발음체가 진동하면 우선 가장 가까이 있는 매질을 흔들고, 가까운 매질의 진동이 그 옆 부분의 매질을 흔들지요. 이 과정이 쉬지 않고 반복되면서 음파가 만들어집니다. 탄성이 커서 기체보다 진동을 빠르게 전달하는 고체는 소리를 멀리 전달하는 데 있어 아주 좋은 매질입니다.

하지만 소리가 공기라는 매질을 통해 퍼지는 중에 다른 매질을 만나면 에너지가 흩어진다는 점을 생각해야 합니다. 음파의 일부가 매질의 경계에서 반사되어 공기 중으로 흩어지고, 남은 일부 에너지만이 고체 매질을 통과해 소리를 전달하는 것이지요. 다시 말해 매질이 달라지면 전달되는 에너지가 줄어들어요. 이것이 소리가 기체에서 퍼지던 중 고체(창문)로 매질이 바뀌었을 때 음량이 작아지는 이유입니다.

 **손톱을 깎을 때 손톱은 왜 이리저리 튈까?**
손톱을 얌전히 떨어트릴 방법은 없을까?

사람의 손톱은 어느 정도 굴곡이 있어요. 손톱깎이의 날은 손톱의 모양을 다듬기 편하도록 안쪽으로 휘어져 있고요. 정면에서 보면 위아래 두 날이 만나는 면은 평평해요. 그래서 휘어져 있는 손톱이 손톱깎이 날에 눌려서 잠시 평평해졌다가 잘려 나가는 순간 원래의 곡선 형태를 회복하면서 튀어 올라요. 이때 잘린 손톱이 손톱깎이의 연결축이나 다른 부분에 부딪혀 사방으로 날아가는 거예요.

이리저리 튀는 손톱 때문에 쓰레기통 옆에서 손톱 깎는 것이 싫다면 샤워한 뒤에 손톱이 조금 말랑해진 상태에서 깎아 보세요. 손톱이 멀리 날아가지는 않을 거예요. 그리고 방법이 하나 더 있어요. 손톱깎이의 뚫려 있는 옆면에 테이프를 붙이면 잘린 손톱이 튀지 않고 손톱깎이 안에 모여 손톱을 다 깎고 테이프를 떼서 잘린 손톱을 한 번에 버리면 사방으로 날아간 손톱을 찾으러 돌아다닐 필요가 없겠지요.

 **발로 소파를 비비면 따뜻한 느낌이 든다.**
남극에 사는 펭귄도 발로 얼음을 비비면 따뜻한 느낌이 들까?

발로 소파를 비비면 우리 몸의 세포들은 열심히 움직입니다. 소파와 발에 있는 분자들의 열운동이 더욱 활발해지고, 내부 에너지가 늘어나 피부 온도가 올라가죠. 그래서 따뜻한 느낌이 드는 거예요. 펭귄이 발로 얼음을 문지를 때 어느 정도 따뜻함을 느끼는 것은 사실이에요. 하지만 남극처럼 극단적으로 추운 곳에 사는 펭귄은 발을 따뜻하게 만들겠다고 얼음을 문지르지 않아요.

그럼 펭귄은 어떻게 체온을 유지할까요? 우선 펭귄의 몸을 둘러싸고 있는 지방층과 깃털이 피부에서 열 에너지가 빠져나가는 것을 어느 정도 막아 주어 체온을 유지해요. 깃털이 없는 펭귄의 발은 매우 독특한 혈액 순환계를 갖도록 진화해서 몸의 혈액보다 발의 혈액의 온도가 더 낮아요. 발의 체온과 외부의 온도 차가 크지 않기 때문에 열 에너지가 빠져나가는 것을 줄일 수 있어요. 펭귄의 순환계는 발을 순환하는 혈액의 온도를 몸의 온도보다는 낮고 어는점보다는 높게 유지해서 동상에 걸리지 않게 합니다.

**Q 몇 층에서 살아야 모기에 안 물릴까?
높은 층에 살수록 모기가 없을까?**

여름이면 모기 떼가 극성을 부려요. 모기 퇴치를 위해 기피제를 사용해 봤을 거예요. 모기는 아주 강한 생명력을 자랑해요. 고층에 살면 모기가 날아들지 못할까요? 그렇지 않아요. 고층에 사는 사람들도 똑같이 모기에 시달린답니다. 모기는 자기 힘으로 높은 곳까지 올라갈 뿐 아니라 번식 전략과 외부의 도움으로 생존 공간을 끊임없이 넓혀요. 바람을 타고 수백 미터까지 올라가 고층에 번식하거나 엘리베이터, 계단을 통해 고층으로 올라가기도 하거든요.

일반적인 아파트를 기준으로 꼭대기 층에 살더라도 모기로부터 완전히 벗어날 수 없어요. 하지만 고층에 살면서 집을 깨끗하게 잘 관리한다면 근처에 온갖 식물이 자라는 저층보다 모기가 적을 거예요. 아파트 단지에 벌레잡이 식물이 많다면 오히려 고층에 모기가 더 많아질지도 몰라요.

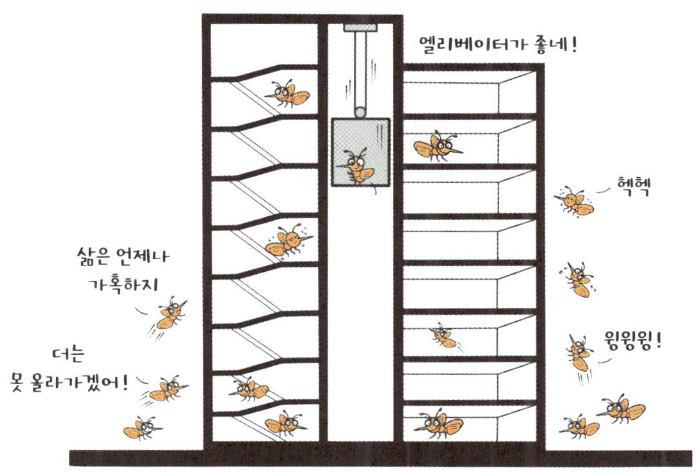

Q 전구는 왜 조롱박 모양일까?

조롱박 모양의 전구는 보통 텅스텐을 필라멘트로 사용합니다. 필라멘트가 뭐냐고요? 필라멘트는 전구 내부에 전류를 흘렸을 때 빛과 전자를 방출하는 구조물을 말해요. 전구 중앙에 보면 아주 얇고 긴 도선을 말아 넣은 것을 볼 수 있는데, 바로 필라멘트입니다. 전구에 불이 들어오면 필라멘트가 뜨겁게 달궈지는데, 텅스텐은 이 뜨거운 온도로 인해 기체로 승화(고체가 액체를 거치지 않고 기체로 변화함)하면서 전구 내벽에 달라붙어요. 전구를 조롱박 모양으로 만들고 안에 냄새, 맛, 색깔이 없는 비활성 기체를 조금 채우면 승화된 텅스텐 기체는 대류 운동을 통해 위로 올라가 전구의 목 부분에 달라붙지요(일반적으로 전구는 뒤집어서 천장에 설치하잖아요). 빛이 나오는 유리구는 투명한 상태로 유지되니까 전구의 밝기는 별 영향을 받지 않아요.

옛날에는 유리구를 입으로 불어서 만들었어요. 공정상 조롱박 모양은 불어서 만들기 쉽고 원재료를 아낄 수 있지요. 그밖에 조롱박 모양의 표면이 곡선이기 때문에 강도가 높고 압력을 잘 버틴다는 것도 전구가 조롱박 모양인 이유 중 하나예요.

Q 사람은 왜 벽을 통과할 수 없을까?

고전 물리학에서는 인간이 벽을 통과할 수 없는 이유를 이렇게 말했어요. 벽이 강하게 밀어내는 힘으로 사람의 운동을 막기 때문이라고요. 더 전문적으로 표현하자면 벽이 만들어 낸 에너지 장벽이 사람의 운동 에너지보다 크기 때문에 사람은 벽을 통과할 수 없는 거예요.

양자역학에는 '양자 터널링 효과'라는 것이 있어요. 입자가 자신의 운동 에너지보다 큰 에너지 장벽을 만나도 고전 물리학이 말하는 것처럼 무조건 튕겨 나오는 것이 아니라 어느 정도 통과할 확률이 있다는 거죠. 하지만 이것은 단일 입자에서나 가능한 일이에요. 사람은 셀 수 없이 많은 입자로 이루어졌고, 입자들은 아주 복잡한 상호작용을 해요. 단일 입자로 설명이 가능한 논리를 사람에게 바로 적용할 수는 없어요.

양자역학 방정식으로 사람이 벽을 통과할 확률을 계산해 볼 수 있지만 실제로는 누구도 해내지 못할 거예요. 사람이 벽을 통과할 수 있다 해도 경험상 그 확률이 지극히 낮다는 것을 알고 있으니, 진짜 실험해 보는 사람은 없겠지요.

소리가 계속 울리는 현상은 물리학의 관점에서 보면 '반향(echo)'과 '잔향(reverberation)'이 생긴 것이에요. 그 본질은 소리의 반사라고 할 수 있습니다. 소리가 메아리쳐 들리는 반향은 주로 소리가 장애물을 만나 반사될 때 만들어집니다. 반향이 만들어지려면 직접음과 반사음이 들리는 시차가 귀가 두 개의 소리를 구분할 수 있는 시간인 0.2초보다 커야 해요. 음속이 340m/s니까 반사되어 돌아오는 시간까지 고려하면 장애물과 최소한 34m는 떨어져 있어야 메아리를 들을 수 있죠. 반향을 만들려면 거리 말고도 장애물의 재질과 놓는 방식도 따져야 해요. 소리는 반사되어야 들을 수 있기 때문어 방에서 메아리를 듣고 싶다면 흡음률이 너무 높지 않은 재료로 벽을 만들어야 합니다.

흡음률이란 소리를 흡수하는 정도를 말하고, 흡음률이 높은 재료는 보통 구멍이 많고 표면이 거칠며 두껍다는 특징이 있어요. 그리고 사이에 공기층을 두고 이중벽을 세워도 흡음률이 높아지죠. 극장이나 강당의 벽이 울퉁불퉁한 것도 반향이 생기는 것을 줄이기 위해서랍니다. 반대로 소리가 흡수되는 것을 막으려면 표면이 매끄럽고 밀도가 높은 재료로 벽을 만들면 돼요. 스피커를 벽 안쪽에 매립형으로 설치하는 것도 흡음률을 낮출 수 있어요. 또 반향을 만들려면 듣고자 하는 반사음의 소리 크기가 다른 반사음보다 커야 해요. 그렇지 않으면 듣고자 하는 반사음이 다른 반사음에 묻혀 두 소리를 분간할 수 없거든요.

메아리를 만들려면 반향뿐만 아니라 잔향도 고려해야 해요. 귀로 직접 전달되는 소리인 직접음이 멎은 뒤에도, 소리가 그 공간 안에서 여러 차례 반사되며 들리는 것이 잔향이에요. 다만 잔향은 직접음과 반사음의 시간 차이가 짧을 때 나타나요. 구분된 두 개의 소리로 들리는 것이 아니라 늘어진 하나의 소리로 들리다가 점점 작아지면서 완전히 사라지는 거예요. 만약 방이 작다면 메아리가 아닌 늘어지는 잔향을 듣게 될 거예요. 따라서 충분히 큰 방에서 흡음률이 낮은 재료로 벽 표면을 매끄럽게 만들고, 가구나 집기를 가지런히 배치하면 메아리를 들을 수 있습니다.

소리 에너지는 음파가 끊임없이 반사되고 전달되는 중에 사방으로 퍼져 나가요. 에너지가 퍼지면 단위 면적 당 에너지의 양이 줄어드니까 소리가 차츰 작아지고 장애물이 소리를 반사할 때는 동시에 일부 소리를 흡수하기도 해요. 매질에 부유 입자, 기포, 작은 알갱이, 불순물 등이 섞여 있으면 음파가 여러 방향으로 흩어져서 음파가 약해지거나 혹은 사라집니다.

지금까지 언급한 요소들이 종합적으로 작용해서 반향의 지속 시간이 결정됩니다. 반향을 이용해 소리를 저장하는 것은 쉽지 않아요. 소리는 퍼지다가 흡수되고, 여기저기 흩어지면서 약해지는 특징이 있기 때문에 저장하기가 아주 까다롭거든요. 반향을 이용해 오랫동안 소리를 저장하고 싶다는 아이디어는 좋지만 실제로 앞서 말한 조건을 모두 갖추는 일은 굉장히 어려울 거예요.

Q 인형 뽑기 기계에서 인형을 쉽게 뽑는 요령이 있을까?

인형 뽑기를 해 봤다면 인형 뽑기가 동전을 넣고, 인형을 잡고, 인형을 끌고 오는 세 단계로 나뉜다는 것을 알 거예요. 인형을 잡는 것과 끌고 오는 단계가 문제인데, 이때 유일하게 사용할 수 있는 도구는 기계에 달린 갈고리죠.

마음에 드는 인형을 뽑으려면 갈고리의 위치와 붙잡는 힘이 관건이에요.

우선 갈고리를 내리기 전에 여러 방향에서 기계 안을 훑어보면서 갈고리의 위치가 뽑고 싶은 인형의 바로 위에 있는지 확인합니다. 정면에서 보면 갈고리의 위치를 정확하게 파악하지 못해서 인형을 못 잡을 수도 있어요. 조준이 정확하다면 인형의 몸통이나 머리를 잡을 거예요. 하지만 조준이 아무리 정확해도 갈고리가 힘이 없어 인형을 붙들지 못하면 아무 소용 없어요. 기계 주인은 전압이나 다른 장치들을 조작해 갈고리의 악력을 조절할 수 있어요. 예를 들어 갈고리가 처음 오므릴 때는 힘이 강했다가 끌고 오는 동안 힘이 점점 약해지도록 설정하면 다 잡은 인형을 출구까지 끌고 오지 못해요. 그러면 다음번에는 꼭 잡을 수 있을 것 같은 느낌이 들어 계속 시도하게 됩니다.

어디가 심하게 아픈 것처럼 힘이 약한 갈고리를 만났을 때 우리가 할 수 있는 것은 여러 번 도전해서 갈고리의 악력이 언제 어떻게 달라지는지 파악하는 것뿐이에요. 처음부터 끝까지 힘이 약한 갈고리가 아니라면 그나마 악력이 강한 순간에 인형을 출구로 끌고 오면 되니까요. 기계마다 갈고리의 설정이 달라서 갈고리의 악력 규칙을 파악했다 해도 다른 기계에는 적용할 수 없을지 몰라요. 제일 좋은 방법은 출구에서 가까운 '복덩이'를 잡는 거예요. 그럼 끌고 오는 시간이 짧으니까 갈고리로 잡기만 하면 인형을 뽑을 확률이 높겠지요. 출구 근처에 마음에 드는 인형이 없다면 여러 번 시도해서 원하는 인형을 출구 근처로 조금씩 옮기는 것도 방법이에요.

얼른 출발하자.
나 엄청 배고프다고
꼬르륵

미션 완료!
다음 단계로 출발!

공책에 가득했던 질문의 바닥이 보였다. 물리 군은 꼬마가 집에서 이렇게 많은 물리 현상을 찾아냈다는 사실이 놀라웠다. 책상에 앉아 연구에 골몰한 자신이 일상 속 물리 지식을 너무 얕본 것 같다는 생각이 들었다.

'혹시 내가 무슨 사명을 가지고 이 세계로 넘어온 게 아닐까?'

꼬마가 물리 군의 옷자락을 잡아끌었다.

"오빠, 내 자전거 빌려줄 테니까, 저 앞에 있는 마이야르 맛집 거리로 가서 사람들한테 물어보세요. 물리대학교로 가는 길을 아는 사람이 있을 거예요."

"좋았어, 고마워!"

물리 군은 얼른 자전거를 받아서 탔다.

음식에서 만난 물리

두 번째 미션 시작!

자전거를 타고 잠시 달리다 보니 맛집 거리에서 맛있는 냄새가 풍겨 나왔다. 물리 군이 배를 문질렀다. 배고파서 배가 홀쭉한 상태였다. 슈냥이는 물리 군의 어깨 위로 축 늘어진 채 울었다.

"너도 배고프구나?"

"냐옹."

물리 군이 자전거 페달을 더 빠르게 밟았다. 마이야르 맛집 거리의 입구에 도착한 물리 군은 음식 냄새에 취해 신나게 떠들었다.

"이건 마늘의 알리신 냄새야! 음, 이건 고추를 볶을 때 나는 캡사이신 냄새다! 오늘 아주 배불리 먹을 수 있겠는걸? 가자!"

물리 군이 슈냥이를 툭툭 치려고 어깨 쪽으로 손을 올렸다. 그런데 아무것도 잡히지 않았다.

"어라? 슈냥이는 어디 갔지?"

언제 사라졌는지 슈냥이는 보이지 않았다. 물리 군이 어리둥절해하는 그때, 별안간 누군가 호통치는 소리가 들렸다.

"이리 안 와? 도둑 잡아라!"

고함과 함께 슈냥이가 맛집 거리에서 뛰쳐나왔다. 그런데 슈냥이가 반짝반짝 빛나는 탕후루를 입에 물고 있는 게 아닌가! 슈냥이는 단숨에 물리 군의 머리 위로 뛰어 올라가 여유롭게 탕후루를 먹기 시작했다.

물리 군이 영문을 몰라 멍하니 서 있자, 힘이 펄펄 넘치는 할아버지가 달려왔다.

"야, 이 도둑놈아! 내 탕후루를 훔쳐 갔지? 마이야르 맛집 거리에서 수십 년 동안 장사하면서 탕후루를 도둑질당한 건 처음이다! 어떻게 책임질 거야?"

물리 군이 황급히 대꾸했다.

"제가 아니라 이 고양이가 훔친 거예요!"

"네가 훔쳐 오라고 고양이를 꼬드겼겠지! 어떻게 보상할 거냐고!"

물리 군은 말문이 턱 막혔다. 물어주고 싶어도 돈이 한 푼도 없었다. 할아버지는 쩔쩔매는 물리 군을 보더니 한 가지 제안을 했다.

"자네, 딱 보니 남의 물건에 손을 댈 사람 같지는 않구먼. 이렇게 하지. 내가 오랫동안 골머리를 썩고 있는 문제가 몇 가지 있네. 죽기 전까지 이 궁금증을 해결할 수 있을지 모르겠단 말이야. 자네가 이 문제에 답해 주면 오늘 일은 없던 걸로 하겠네. 대답을 못 하면 그 답을 아는 사람이 나타날 때까지 탕후루를 팔아야 해!"

Q 물은 왜 막 끓기 시작했을 때 시끄럽다가 점점 조용해질까?

주전자에 물을 끓일 때, 물의 모든 부분이 고르게 열을 받는 건 아니에요. 아래에서 열을 가하면 주전자 바닥 쪽의 온도가 더 빨리 올라가겠죠. 아래쪽 물이 끓는점에 도달해 끓더라도 다른 쪽의 물은 아직 끓지 않을 수 있어요. 주전자 바닥에서 만들어진 기포는 부력 때문에 수면 위로 떠오르는데, 이때 끓는점에 도달하지 않은 물과 만나 열을 빼앗깁니다. 기포의 온도는 떨어지고, 기포 내부의 압력도 크게 줄어들어요. 열을 뺏긴 기포는 내부 압력보다 큰 외부의 수압에 눌려 크기가 작아지거나 터지기 때문에 물이 급격하게 출렁이면서 물 끓는 소리가 시끄럽게 나는 거예요. 그 뒤로 계속 열을 가해서 물 전체가 끓는점에 이르면 기포는 열을 빼앗기지 않기 때문에 작아지지 않아요. 오히려 기포가 위로 올라갈수록 낮아지는 수압의 영향으로 부피가 커지고 올라가는 속도도 빨라지겠지요. 그러면 상대적으로 물이 크게 출렁이지 않아서 다시 조용해지는 거예요.

Q 왜 달걀찜에 작은 구멍이 생길까?

달걀찜의 구멍은 달걀 물에 기포가 들어갔을 때 생깁니다. 달걀찜을 만들려면 우선 흰자와 노른자가 섞이도록 달걀 물을 풀어야 해요. 이때 달걀 물 표면에 거품이 생기는데, 이것이 바로 기포예요. 숟가락으로 기포를 걷어 내면 달걀찜을 매끈하게 만들 수 있답니다.

더 매끈한 달걀찜을 만들고 싶다면 달걀 물을 풀 때 냉수 말고 끓인 물을 넣어 보세요. 끓인 물에 공기가 더 적게 들어 있거든요. 만약 냉수를 쓰면 달걀 물을 끓일 때 온도가 올라가면서 물에 녹아 있던 공기가 빠져나가 작은 구멍을 남길수 있어요. 달걀 물을 한 방향으로 젓는 것도 기포를 줄이는 데 도움이 돼요. 그 밖에 달걀 물을 체에 걸러서 기포를 빼낸 다음 잠시 가만히 두었다가 끓이는 것도 방법이에요.

Q 찜기를 쌓아 놓고 만두를 찌면, 어느 칸의 만두가 먼저 익을까?

어느 칸의 만두가 먼저 익는지에 대해 그동안 다양한 주장이 있었어요. 그러다 2004년에 어떤 사람이 직접 실험을 통해 아래 칸의 만두가 먼저 익는다는 것을 밝혀냈죠. 아래 표는 6단으로 쌓아 올린 찜기에 만두를 넣고 가장 위 칸과 아래 칸의 온도를 측정한 결과예요.

시간/min	0	1	2	3	4	5	6	7	8
위 칸 온도/℃	18	18	19	38	68	97	100	100	100
아래칸 온도/℃	18	78	98	100	100	100	100	100	100

결과의 원리는 아주 직관적이에요. 수증기는 아래에서 위로 올라가기 때문에 아래 칸이 먼저 뜨거워져요. 수증기가 위에서 모이기 때문에 위 칸이 아래 칸보다 뜨겁다고 말하는 사람도 있지만, 이 의견에는 허점이 있어요. 수증기는 한 곳에 머물지 않고 단위 부피 당 수증기량에는 한계가 있기 때문에 아래에서 위로 하염없이 올라가지 않거든요. 만두를 찌기 시작하면 아래 칸이 먼저 100℃에 이르고, 그 뒤로 얼마간 더 찌면 모든 층이 100℃에 도달해요. 위 칸만 열을 받고, 아래 칸이 열을 받지 않는 경우는 없는 것이지요.

음식을 튀길 때, 즉 높은 온도에서 조리하면 화학 반응이 일어납니다. 음식의 원재료가 분리되거나 녹말을 구성하는 당 분자가 '캐러멜화'되는 것이 그 예죠. 캐러멜화란 당류에 열을 가했을 때, 수분이 빠져나가거나 분자가 분해되면서 음식의 형태가 쪼그라드는 동시에 흑갈색을 띠는 것을 말해요. 또 다른 예도 있어요. 당은 아미노산과 상호작용을 통해 여러 빛깔을 띠면서 다양한 풍미를 내는 화합물이 되기도 하는데, 이것을 '마이야르 반응'이라고 해요. 두 가지 갈변 반응이 음식에 황금색을 입히고 다양한 풍미를 만든답니다.

보통 고기를 튀길 때 빵가루나 밀가루 반죽을 입히죠. 반죽이 고기의 표면과 기름이 직접 닿는 것을 막아 주고, 높은 온도의 기름이 빠르게 수분을 날려 주기 때문에 반죽은 바삭한 튀김옷이 돼요. 가끔 고기에서 흘러나온 육즙이 튀김옷을 눅눅하게 만들기 때문에 기름에서 기포가 나오지 않을 때까지 잘 튀겨야 해요. 음식이 황금빛을 띠는 것은 열이 충분히 가해졌다는 뜻이고, 여기서 더 튀기면 발암물질이 생긴다는 신호로 볼 수 있어요.

Q **왜 물기 남은 솥에 기름을 넣고 끓이면 기름이 튈까?**
왜 소금을 넣고 끓이면 튀지 않을까?

음식을 볶을 때 기름이 튀는 일은 흔해요. 팬에 뿌린 기름이 달궈졌을 때 물기가 있는 채소를 넣으면 기름이 마구 튀죠. 기름의 끓는점이 물의 끓는점보다 높기 때문에 이미 달궈진 기름의 온도는 물의 끓는점보다 훨씬 높아요. 그래서 물이 뜨거운 기름을 만나면 빠르게 기화하면서 부피가 급격히 팽창하고 기름을 튕겨내는 거예요.

또 다른 예를 들어 볼게요. 물기가 있는 팬에 기름을 넣고 가열해도 기름이 튈 수 있어요. 이 상황은 앞서 언급한 상황과 조금 다릅니다. 종종 기름이 가열될 때 팬에 있던 물방울이 끓는점보다 높은 온도에서도 액체로 유지되는 경우가 있어요. 과열 상태의 물은 굉장히 불안정하기 때문에 작은 자극에도 급격히 끓어요. 온도가 높아져서 기름이 끓기 시작하면 과열 상태의 물방울들이 급격하게 달라진 외부 환경으로 인해 빠르게 기화하면서 기름이 팬 밖으로 튀는 거예요. 만약 기름에 소금을 넣고 가열하면 기름에 녹지 않는 소금이 물의 기화를 일으키는 불순물 역할을 하기 때문에 물방울이 과열되기 전에 기포로 변해 빠져나가도록 도와줄 수 있습니다. 기름이 튀는 것을 막고 싶다면 기름이 달궈지기 전에 미리 소금을 조금 넣어 보세요.

 **왜 백설탕에 기름을 넣고 볶으면 색이 변할까?**

백설탕에 기름을 넣고 열을 가하면 백설탕이 녹으면서 짙은 갈색을 띱니다. 이런 현상을 일으키는 주된 반응은 캐러멜화예요. 우리 눈에는 백설탕이 고온에서 점점 녹는 것처럼 보이지만, 사실은 설탕의 상태가 바뀌는 것이 아니라 설탕이 분해되어 새로운 물질인 캐러멜이 만들어지는 거예요. 고체인 백설탕은 높은 온도에서 수분이 점차 빠져나가 액체가 되는데, 물처럼 기체로 증발하지는 않아요.

참고로 여기서 말하는 높은 온도는 정확하지 않아요. 낮으면 165℃, 높으면 180℃에서 가열해야 하거든요. 이때 캐러멜과 다양한 분해 산물이 만들어지고, 일부 분해 산물은 짙은 갈색을 띱니다. 마지막에는 캐러멜과 분해산물이 합쳐져서 황적색을 띠는 시럽이 되지요. 걸쭉한 황적색 시럽이 서서히 옅은 노란색으로 변했다가 시간이 더 지나면 흑갈색을 띠는 것이 전형적인 캐러멜화 반응이에요. 처음에는 단맛이 나지만 갈수록 시큼하면서 씁쓸한 맛이 나는 동시에 아주 진한 냄새를 풍기죠. 설탕도 끓이는 시간이 길어질수록 단맛이 줄고 씁쓸한 맛이 강해지며 색은 더 짙어져요.

**전자레인지에 막 데운 찐빵은 말랑말랑하지만
왜 몇 분이 지나면 표면이 딱딱해질까?**

밀가루가 찐빵이 되는 것은 녹말(전분)의 호화 현상 때문이에요. 찐빵이 식으면서 딱딱해지는 것은 호화한 녹말이 노화된 거고요. '호화'는 녹말이 풀처럼 끈적해지는 것을 뜻하고, 노화는 녹말이 딱딱해지는 것을 뜻합니다.

전자레인지로 찐빵을 데우는 것은 열기를 회복하는 과정이에요.

전자기파의 일종인 마이크로파는 음식물을 통과하면서 음식 속 물의 분자운동을 일으켜 열 에너지를 만듭니다. 전자레인지에 찐빵을 넣고 돌리면 열이 가해져 녹말이 다시 호화되기 때문에 찐빵이 말랑말랑해지는 거예요. 하지만 이렇게 온도를 높이면 물의 증발 속도가 빨라져서 음식에서 수분이 빠져나가요. 전자레인지에 데운 찐빵을 막 꺼냈을 때는 녹말의 호화로 표면이 말랑말랑하지만, 온도가 높아진 찐빵 속 수분이 금방 증발하기 때문에 표면이 빠르게 쪼그라들고 딱딱해집니다. 어떤 방법으로 데우더라도 찐빵은 식고 나면 녹말의 노화 때문에 딱딱해질 수밖에 없어요. 이때 찐빵이 굳는 정도는 가열 방법, 식는 순간의 주변 습도, 온도 변화, 녹말에 함유된 아밀로오스와 아밀로펙틴의 비율 등에 따라 달라져요.

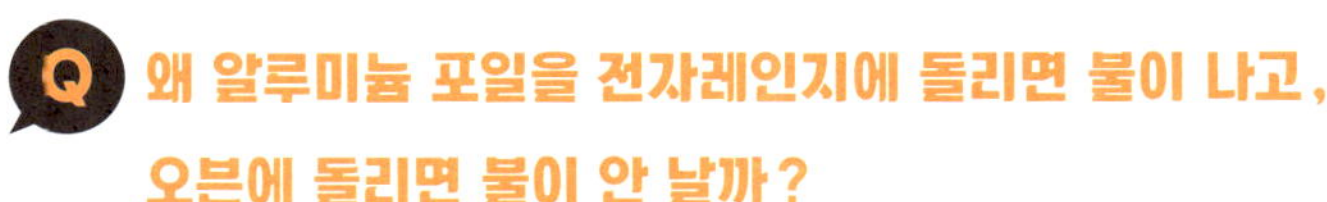

Q 왜 알루미늄 포일을 전자레인지에 돌리면 불이 나고, 오븐에 돌리면 불이 안 날까?

전자레인지와 오븐의 가열 원리는 완전히 다릅니다. 가열 원리의 차이 때문에 다른 현상이 나타나는 것이지요. 오븐으로 음식을 데우는 것은 불로 음식을 데우는 것과 원리가 똑같아요. 오븐은 전기를 활용해 불처럼 뜨거운 열을 가하는 거거든요. 알루미늄 포일의 발화 온도는 오븐이 낼 수 있는 최대 온도보다 한참 높아요. 그래서 오븐에 넣고 돌려도 불이 붙지 않는답니다.

전자레인지로 음식을 데우는 원리는 오븐과 완전히 달라요. 전자레인지는 전자기파의 일종인 마이크로파를 통해 음식물 속 극성분자(주로 물)를 진동시켜 음식을 데웁니다. 알루미늄 포일 같은 금속 물질을 전자레인지에 넣고 돌리면 마이크로파의 영향으로 표면의 전하 분포를 빠르게 변화시켜요. 그러면 전하들이 포일의 뾰족하게 접힌 부분을 통해 공기 중으로 빠져나가지요. 짧은 순간에 많은 양의 전기가 흘러나가서 갑자기 온도가 확 높아지며 불꽃이 튀기다 불이 붙는 거예요.

왜 달걀을 깨지 않고 전자레인지에 넣고 돌리면 폭발할까?
왜 달걀을 풀어서 전자레인지에 돌리면 폭발하지 않을까?

달걀을 껍질째 전자레인지에 넣고 돌리면 달걀 속 수분이 열을 받아 기화해요. 하지만 껍질 때문에 수증기가 빠져나가지 못하니까 달걀 속의 압력이 커지겠지요. 그 압력이 껍질이 버틸 수 있는 한계를 넘으면 달걀은 '폭탄'이 됩니다. 위험하니까 절대 시도하지 마세요. 껍데기만 깨고 휘젓지 않아서 노른자가 온전한 달걀도 마찬가지로 전자레인지에 돌리면 안 돼요.

달걀을 풀어서 열을 가하거나 삶은 달걀에 구멍을 몇 개 뚫어서 수증기를 빼내면 압력이 떨어지기 때문에 달걀은 폭발하지 않아요. 달걀뿐만 아니라 껍질에 싸여 있는 음식인 포도나 토마토도 전자레인지에 넣고 돌리면 폭발할 수 있어요. 귀찮다고 전자레인지에 달걀을 껍질째 넣고 돌리지 마세요. 달걀 폭탄은 꽤 위험하답니다.

왜 아이스크림은 부드럽고 얼음은 딱딱할까?

얼음은 분자의 배열이 일정하고 수소 결합으로 연결된 커다란 결정입니다. 온도가 떨어질수록 얼음은 단단해지고 심지어 영하 50℃에서의 얼음은 강철보다 모스 경도(물질의 굳고 무른 정도를 나타내는 지표)가 높아요. 얼음에 비하면 아이스크림은 온전한 결정은 아니에요. 아이스크림 속에는 우유, 크림, 설탕 등 감칠맛을 내는 다양한 '불순물'이 들어 있거든요. 이 불순물들은 다양한 맛을 낼 뿐만 아니라 얼음 결정을 작게 만들어서 식감을 살려 줘요. 그 밖에 아주 미세한 기포가 잔뜩 들어 있는데, 이 기포는 아이스크림의 분자 구조를 느슨하게 만들어서 식감을 쫀쫀하게 만들죠. 결과적으로 아이스크림은 맛있는 '불순물'과 수많은 기포로 인해 얼음보다 훨씬 부드럽답니다.

Q 막대 아이스크림을 세게 빨아 먹으면 더 달게 느껴질까?

이 문제를 설명하려면 재료학에서 말하는 '상(相, Phase)'의 개념을 알아야 합니다. '상'이란 물질계에서 물리적·화학적 성질이 같은 부분으로, 기체상, 액체상, 고체상 세 가지로 나뉘어요. 물에 설탕과 색소 같은 물질이 녹아 고르게 섞여 있는 것을 용액이라고 해요. 용액은 균일하고 고르게 섞인 혼합체기 때문에 용액의 모든 부분이 같은 성질을 띤 하나의 상이라고 할 수 있어요.

이 용액을 얼려서 막대 아이스크림을 만들면 더는 하나의 상이 아니라 액체상과 고체상, 최소 두 가지의 상이 함께 있는 상태가 됩니다. 왜냐하면 색소와 설탕이 물에는 잘 녹지만 얼음과는 잘 섞이지 않거든요. 그래서 물이 얼음 결정으로 변할 때, 색소와 설탕은 용액에 남아 농도가 아주 높은 설탕물이 되어 느슨한 얼음 결정 사이에 자리 잡아요. 이때 고농도의 설탕물은 아이스크림 속에서 액체에 가까운 상태로 있지요. 막대 아이스크림을 세게 빨면 고농도 설탕물이 빨려 나가서 단맛이 더 강하게 느껴지는 거예요. 세게 빨고 나면 아이스크림의 색이 옅어질 거예요. 설탕물에 들어 있는 색소가 함께 빨려 나갔기 때문이지요.

Q 막대 아이스크림 포장을 벗기면 왜 하얀 연기가 피어오를까? 왜 처음 먹을 때 혓바닥에 달라붙는 느낌이 들까?

아이스크림의 온도가 아주 낮기 때문입니다. 포장을 벗기는 순간 아이스크림은 주변 공기의 온도를 빠르게 떨어뜨려요. 이때 공기 중의 수증기가 한데 엉켜 뭉치면서 작은 물방울 입자를 많이 만들지요. 바로 이 물방울이 가시광선을 산란시켜서 뿌옇게 만들기 때문에 연기가 피어오르는 것처럼 보이는 거예요. 하늘에 구름이 보이는 것도 비슷한 원리랍니다. 모두 수증기가 엉켜 뭉치면서 만들어진 작은 물방울들 때문이에요.

아이스크림을 핥을 때 혓바닥에 달라붙는 느낌이 드는 것은 실제로 달라붙었기 때문이에요. 사람의 혀에 있는 수분이 차가운 아이스크림을 만나면 빠르게 열을 빼앗겨서 온도가 떨어지고 심한 경우 얼어붙거든요. 마치 얼음이 혀와 아이스크림을 꼭 붙잡고 있는 것처럼 말이지요. 그래서 혓바닥에 달라붙는 느낌이 드는 거랍니다. 다만 아이스크림 온도가 과하게 낮은 것은 아니라서 아이스크림을 먹는 것이 위험하지는 않아요. 그보다 더 차가운 물체, 특히 열전도율이 높은 금속류는 절대 피부에 직접 대면 안 돼요. 잘못하면 동상을 입을 수 있거든요.

Q 우유를 마시면 왜 매운맛이 가실까? 매운맛을 가시게 하는 방법이 또 있을까?

우유가 매운맛을 가라앉힐 수 있는지 알려면 우선 왜 매운맛을 느끼는지부터 알아야 합니다. 신맛, 단맛, 쓴맛, 짠맛, 감칠맛과 달리 매운맛은 사실 일종의 통증이에요. 고추 같은 채소에는 캡사이신이라는 물질이 들어 있어요. 캡사이신이 몸에 들어오면 캡사이신 수용체인 VR1과 결합하고, 신경세포가 P물질이라고 불리는 신경전달물질을 분비해요. 매운 음식을 먹으면 아픔을 느끼는 감각인 통각과 연관된 P물질이 만들어지고, 통증을 일으키기 때문에 몸에서 일련의 스트레스 반응이 나타나는 것이지요.

우유가 매운맛을 가라앉힐 수 있는 것은 우유의 성분이 VR1보다 먼저 캡사이신과 결합하는 데다, 그 결합물이 소화기관을 자극하지 않기 때문이에요. 우유 말고 아이스크림도 매운맛을 가라앉힐 수 있어요. 하지만 얼음물을 마시거나 얼음을 먹으면 매운맛이 가라앉기는커녕 오히려 캡사이신이 더 빨리 퍼지죠. 하지만 아이스크림을 먹을 구실을 만들겠다고 감당할 수 없을 만큼 매운 음식을 먹지는 마세요. 다음 날 크게 후회할 거예요.

사실 탄산의 냉동 상태를 결정하는 것은 음료의 종류가 아니라 얼기 전 병 내부의 압력입니다. 병 내부와 외부의 압력이 똑같이 표준 대기압 수준일 때, 어는점보다 낮은 온도에 두고 어느 정도 시간이 지나면 액체였던 음료는 고체가 돼요. 하지만 얼리기 전에 병을 흔들면 탄산음료에 녹아 있던 이산화탄소가 새어 나와서 병 내부의 압력이 외부보다 높아져요. 그럼 음료의 어는점이 0℃보다 낮아지기 때문에, 온도가 0℃ 이하로 떨어져도 그대로 액체 상태를 유지하지요.

탄산음료가 0℃보다 낮을 때 뚜껑을 열면 병 내부의 압력이 급격하게 떨어지면서 탄산음료의 어는점이 다시 0℃ 언저리로 올라와요. 하지만 탄산음료는 여전히 0℃보다 낮은 액체 상태로 있어요. 액체가 어는점보다 낮은 온도에서도 얼지 않으면 '과냉각 상태'라고 부릅니다. 과냉각 상태의 액체는 불안정해서 살짝 흔들거나 약간의 충격을 주기만 해도 고체로 변해요. 과냉각 상태인 탄산음료를 흔들면 곧장 얼면서 슬러시가 되는 것이지요.

슬러시를 만들고 싶다면 탄산음료를 너무 오랫동안 얼리면 안 돼요. 그러면 그냥 단단한 얼음이 될지도 몰라요. 탄산음료의 온도가 0℃보다는 낮아지지만 얼지 않을 만큼의 적당한 냉각 시간을 알아야 하지요. 주의할 점이 하나 더 있어요. 과냉각 상태의 탄산음료의 병을 너무 세게 흔들지 마세요. 병 내부의 기압이 급격하게 올라가서 위험한 상황이 벌어질 수 있거든요.

Q 벌꿀은 왜 상하지 않을까?

음식이 상하는 것은 '세균(bacteria)'과 '진균(fungus)'의 분해 작용 때문입니다. 세균과 진균은 세포막으로 둘러싸인 세포들이에요. 세포막은 세포의 내부와 외부 환경을 나누는 동시에 세포가 외부와 물질을 교환하도록 돕는 역할을 해요. 또한 어떤 물질은 통과시키고, 어떤 물질은 통과시키지 않을지를 결정하는 '선택적 투과성'이 있어서 특정 물질만 세포 안으로 들여보내죠. 다시 말해 문지기 역할을 하는 세포막의 특정 단백질이 세포 안으로 들여보낼 물질을 구분하는 거예요.

물은 세포막을 자유롭게 드나들 수 있는 데다 삼투압에 의해 물이 적은 쪽, 즉 농도가 높은 쪽으로 이동하는 성질이 있습니다. 벌꿀은 70%가 넘는 당분과 25%를 넘지 않는 수분으로 이루어져 있어요. 비교적 물이 적어 농도가 굉장히 진하고 강한 삼투압으로 주변의 물을 빨아들여요. 그러다 보니 세균이나 진균은 벌꿀에서 세포 속의 수분을 빼앗겨서 번식할 수 없고, 세균과 진균이 없으니까 벌꿀은 썩지 않아요. 이론상 벌꿀을 오랫동안 보관할 수 있다 해도 최대한 빨리 먹는 것이 좋아요. 벌꿀처럼 맛있는 음식을 그냥 두는 것은 소중한 나 자신에게 미안한 일이잖아요?

Q 주방세제 대신 비누로 설거지해도 될까?

비누에 가장 많이 들어 있는 화학 성분은 계면활성제의 일종인 스테아르산나트륨입니다. 주방 세제의 주성분도 계면활성제지만 성분과 배합은 훨씬 복잡해요. 연수화(물속에 포함된 칼슘 또는 마그네슘 이온을 제거해 경수를 연수로 만드는 것)를 거치지 않은 경수에 대한 내성은 비누보다 주방세제가 더 강해요. 다시 말해 주방세제는 물에 함유된 칼슘이나 마그네슘 등의 이온과 만나도 찌꺼기를 만들지 않죠. 비누는 보통 고체 형태라 물에 잘 녹지 않고 찌꺼기를 남기기도 해요. 반면 주방세제는 물에 잘 녹는 수용액이라 설거지에 더 편리합니다. 더구나 비누의 용도는 원래 설거지가 아니잖아요. 주방세제는 설거지 전용으로 만든 것이니 그릇을 더욱 깨끗이 닦을 수 있겠지요.

Q 왜 죽이나 우유를 끓였다가 식히면 얇은 막이 생길까?

우선 죽과 우유의 성분에 대해 알아볼게요. 죽의 주성분은 녹말이고, 우유는 물, 단백질, 지방, 유당 등으로 이루어져 있어요. 지방은 물에 잘 녹지 않기 때문에 우유 속 지방은 단백질에 감싸인 에멀션(emulsion, 액체가 섞이지 않는 다른 액체 속에 작은 방울 형태로 퍼져 있는 것)의 형태를 띱니다.

우리가 마시는 우유는 가공 과정을 거쳐서 대부분 지방 입자가 작아요. 이 지방 입자를 감싸고 있는 단백질 막은 장력이 크지 않기 때문에 오랫동안 그냥 두어도 층이 분리되지 않죠. 우유를 끓이면 안정적이던 지방 입자의 구조가 무너지면서 지방과 단백질이 흩어지고 표면에 둥둥 뜨게 돼요. 이때 단백질이 서로 엉겨 붙어서 얇은 막을 만들고 지방은 그 단백질 막에 달라붙는데, 이것이 질문에서 말한 우유 막의 정체랍니다.

죽에 생기는 막의 주성분은 녹말이에요. 죽을 끓이면 녹말이 물을 흡수하면서 부드러워지는 호화 반응이 일어나죠. 죽이 식으면 표면의 수분이 날아가고, 녹말 입자들 사이의 거리가 가까워지면서 그물 모양의 막이 생깁니다. 이것이 질문에서 말한 죽의 얇은 막이에요. 이 현상은 종이가 젖고 마르는 것과 마찬가지로, 고분자 물질과 물 분자 사이의 반응으로 인해 나타나는 결과 물이에요.

 오래 둬서 딱딱해진 죽이나 국수를 원래 상태로 되돌릴 수 있을까? 가능하다면 그건 가역 과정일까?

죽이나 국수의 주성분은 녹말입니다. 녹말은 포도당 분자가 모여서 만들어진 고분자 탄수화물로, 아밀로오스와 아밀로펙틴이라는 두 가지 유형의 성분으로 구성됩니다. 아밀로펙틴은 많은 가지를 갖지만, 아밀로오스는 가지가 거의 없이 단순하게 일자로 연결된 나선형 모양이에요. 식물에서 얻은 천연 녹말은 아밀로오스와 아밀로펙틴이 함께 뭉쳐져 결정을 이루는 '녹말 입자'의 형태로 존재합니다.

녹말에 물을 섞어도 녹말 입자는 단단하게 결합되어 있어 상온에서는 물이 쉽게 입자로 들어가지 못해요. 하지만 열을 계속 가하다 보면 결합이 느슨해지며 녹말 입자가 물을 흡수하고 특정 온도에 이르면 부피가 급격하게 늘어납니다. 그러면 녹말은 물속에 흩어져 반투명하고 점성을 띠는 콜로이드 용액으로 변해요. 이 현상을 녹말의 '호화'라고 하고, 호화가 나타날 때의 온도를 '호화 온도'라고 합니다. 이 과정에서 결정이 분해되며 아밀로오스의 나선형 구조가 해체되고 아밀로오스가 녹말 입자 밖으로 밀려나죠. 이렇게 호화가 일어나면 녹말은 입자 밖으로 밀려난 아밀로오스에 싸여 젤리처럼 변합니다.

호화에는 역과정이 있어요. 걸쭉하게 호화된 녹말을 얼마간 방치하면 색이 점점 뿌예지다가 침전물이 생기고 마지막에는 다시 탄성을 가지는 상태가 됩니다. 이것을 녹말의 '노화'라고 해요. 이 과정에서 호화됐던 녹말 입자 속 수분이 빠져나오고 분자들이 새로 결정을 이루면서 천연 녹말과 비슷한 구조를 가지게 됩니다. 노화된 녹말은 수분이 빠져나가 단단하게 결합되어 물에 녹지 않아서 다시 호화될 수 없어요.

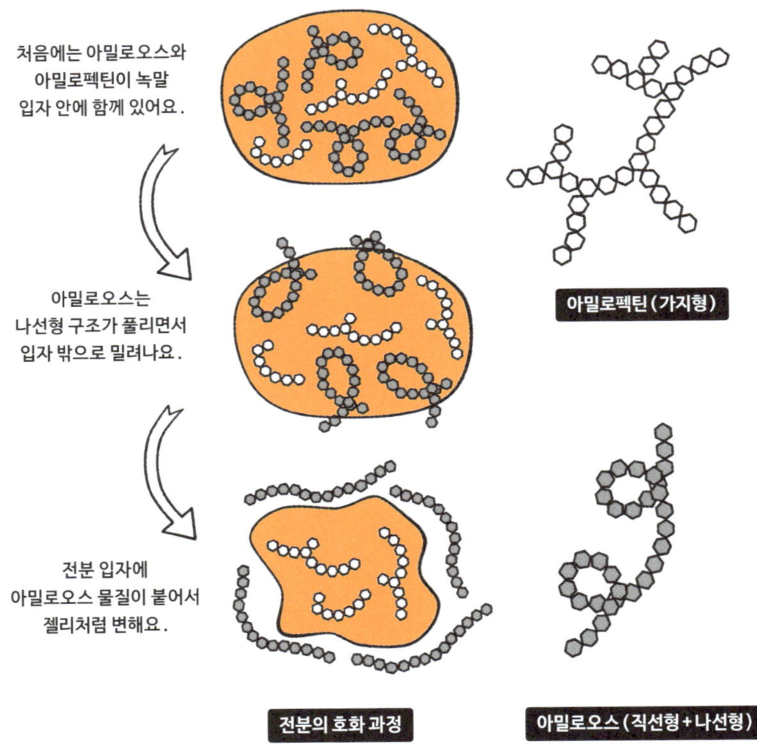

엄밀히 말하면 추가적인 에너지 공급 없이 원래 상태를 회복할 수 있어야 '가역 과정'이라고 할 수 있어요. 노화된 녹말은 저절로 호화될 수 없고 다시 호화시키려면 열을 가해야 해요. 즉, 에너지가 필요하기 때문에 비가역 과정으로 봐야 하는 것이지요.

 **날달걀과 삶은 달걀을 평평한 쟁반에 놓고 돌리면
어느 달걀이 먼저 멈출까?**

날달걀이 먼저 멈춥니다. 날달걀과 삶은 달걀을 똑같은 각속도(단위 시간 당 회전한 각도)로 돌린다고 가정했을 때, 삶은 달걀의 흰자, 노른자, 껍질은 이미 하나가 된 뒤라 축을 중심으로 함께 회전해요. 반면 날달걀은 액체 상태인 흰자와 노른자가 껍질을 따라 돌더라도 서서히 각자의 각속도를 가지게 되지요. 삶은 달걀의 운동 에너지가 훨씬 크기 때문에 더 오래 돌 수 있는 거예요. 더구나 날달걀의 흰자와 노른자는 유동성을 가지고 있어서 이리저리 흔들리기 때문에 처음의 회전축을 계속 유지할 수가 없어요. 이런 이유로 날달걀이 먼저 멈추는 거랍니다.

Q 팝핑캔디는 왜 물에 닿아야 반응할까?

그 현상은 팝핑캔디를 만드는 공정과 관련이 있습니다. 팝핑캔디와 일반적인 사탕은 재료가 크게 다르지 않아요. 여러 재료를 섞고 열을 가해서 만든 진하고 뜨거운 시럽을 사용하지요. 다만 팝핑캔디에 이산화탄소를 넣어서 사탕에 미세한 고압 기포를 만든다는 점이 달라요. 게다가 굳힌 팝핑캔디 조각에 압력을 가해 깨뜨려도 고압 기포는 그대로 남아 있어요. 그 모습은 돋보기로도 관찰할 수 있답니다.

팝핑캔디에 물이 닿으면 기포를 감싸고 있던 벽이 약해져요. 이때 흘러나온 이산화탄소가 팝핑캔디를 깨뜨리면서 캔디 조각을 강하게 밀어내기 때문에 입속에서 타닥타닥하는 소리와 함께 약한 폭발이 일어나는 거예요. 그래

서 팝핑캔디를 먹으면 마치 작은 생명체가 혓바닥 위에서 뛰어노는 듯한 느낌
이 듭니다.

**일회용 젓가락을 탄산음료에 넣었을 때
기포가 달라붙는 것은 화학 반응일까, 물리 현상일까?**

일회용 젓가락을 탄산음료에 넣으면 기포가 달라붙는 것을 볼 수 있는데,
이것은 물리 현상에 더 가깝습니다. 일회용 젓가락은 표면이 고르지 않고 미
세한 구멍이나 오목하게 파인 홈에 공기가 들어 있어요. 이 공기가 탄산음료
를 만나면 밖으로 빠져나와서 젓가락에 달라붙는 것이지요. 탄산음료에는
이산화탄소가 많이 녹아 있어요. 젓가락은 탄산음료에서 이산화탄소를 분리
시키는 새로운 물질, 즉 기체를 분리시키는 '핵'이 되기 때문에 이산화탄소가
젓가락에 달라붙는 거예요. 탄산음료를 처음 샀을 때 병에 작은 기포들이 붙

어 있는 것을 본 적 있을 거예요. 병이 탄산음료에서 이산화탄소를 분리시키
는 '핵'이기 때문에 이런 현상이 나타난답니다.

Q 풍선껌은 다른 껌보다 왜 풍선이 크게 불릴까?

껌은 '껌 베이스'에 감미료, 향미료, 연화제 등을 넣어 만듭니다. '껌 베이
스'란 먹을 수 있는 고무나 비닐 등 고분자 재료를 주성분으로 하는 혼합물을
말해요. 껌을 씹다 보면 과당과 같은 물에 녹는 저분자 물질은 다 빠져나가고
밍밍한 껌 베이스만 남죠. 처음에는 껌 베이스에 들어가는 고분자 재료로 천
연 수지(natural resin)를 썼어요. 하지만 생산량을 따라잡을 수가 없어서 나
중에는 합성수지를 함께 썼죠. 일반적인 껌과 풍선껌의 가장 큰 차이는 합성
수지의 함유량입니다. 껌의 종류와 재료의 배합률에 따라 불 수 있는 풍선의
크기가 달라져요. 풍선껌은 합성수지의 함유량이 높아서 껌의 접착성이 강하
기 때문에 풍선을 크게 불 수 있는 거예요.

Q 전자레인지는 음식을 데우는 데 쓰는 물건이다.
음식을 차갑게 만드는 전자레인지도 있을까?

전자레인지의 가열 원리를 설명해 볼게요. 우선 전자레인지 내부에 있는
마그네트론이 2.45GHz(기가헤르츠, 1GHz = 10억 Hz)의 매우 높은 진동수를
가진 전자기파인 마이크로파를 발생시켜요. 이때 음식에 들어 있는 수분과
같은 극성분자가 마이크로파의 진동하는 전기장을 따라 함께 움직여요. 진

동하는 분자는 가까이 있는 분자에 영향을 미치고 모든 분자가 진동하지요. 내부 에너지가 늘어나서 음식이 데워지는 거예요. 한마디로 정리하자면 전자레인지에 돌린 음식이 데워진 것은 전기장이 분자의 진동을 가속해서 내부 에너지가 늘어난 결과입니다.

　마이크로파가 운동 에너지를 줄일 수 있을까요? 정답은 '그럴 수 없다'입니다. 그렇다면 전자기파로 원자 운동을 느리게 만드는 다른 기술은 없을까요? 레이저 냉각이라는 공법으로 원자 운동을 늦출 수는 있어요. 레이저 냉각이란 광자(光子, photon)로 원자에 충격을 가해 운동 에너지를 떨어뜨리는 기술이에요. 이 기술은 2018년 노벨 물리학상을 받은 광 핀셋 기술과 관련이 있어요. 다만 음식처럼 큰 물질에는 아직 적용할 수 없답니다.

물리대학 부속 중학교
저 앞에
학교가 보여!
나도 학교로
돌아가고 싶은데…

미션 완료! 다음 단계로 출발!

"역시 내 눈이 틀리지 않았군. 젊은 친구가 대답을 잘해 준 덕분에 이 늙은이가 죽기 전에 궁금증을 다 풀었어! 탕후루 값은 받지 않겠네!"

할아버지는 기분이 좋아서 싱글벙글 웃었다.

꼬르륵…. 탕후루를 먹는 슈냥이를 지켜보던 물리 군의 배가 더욱 요란하게 울렸다.

'문제 푸느라 여태 아무것도 못 먹었잖아!'

물리 군은 얼른 맛집 거리 안으로 달려가려고 작별 인사를 건넸다. 그러자 할아버지가 물리 군을 붙잡으며 말했다.

"잠깐 기다리게, 젊은 친구! 실은 맛집 거리에 식재료를 공급하는 형님이 있는데, 냉동 설비 문제로 골머리를 앓고 있거든. 자네를 형님에게 데려다 주겠네! 그 문제를 해결해 주면 아주 맛있는 음식을 대접해 줄 거야. 그리고 물리대학교에 가고 싶다고 했던가? 한 가지 방법을 알려 주지. 내 손자가 물리대학 부속 중학교에 다니거든! 형님에게 말해서 자동차를 빌려줄 테니까 그 학교로 가 보게. 어쩌면 무슨 단서를 찾을지도 모르지!"

학교에서 만난 물리

세 번째 미션 시작!

물리 군이 차를 세우고 교문으로 들어서자 선생님으로 보이는 한 남자가 이리저리 서성이고 있었다. 길을 물으려던 물리 군은 남자의 얼굴에 근심이 가득한 것을 발견했다. 마치 실험이 실패했을 때 자기 모습을 보는 것 같아서 조금 동정심이 들었다. 물리 군이 남자에게 다가가 물었다.

"이 학교 선생님이세요? 여쭤볼 게 있는데요."

"묻고, 묻고, 또 묻고! 학생들도 모자라 이제는 다 큰 어른까지 묻는 건가요?"

선생님이 울상을 지으며 소리치자 분위기는 순식간에 싸늘해졌다. 물리 군이 어쩔 줄 몰라 하는 그때, 슈냥이가 "냐옹!" 소리를 내며 선생님의 어깨 위로 펄쩍 올라가 그의 뺨을 쓰다듬었다. 선생님은 그제야 정신을 차렸다.

"저런, 내가 추태를 보였네요. 뭘 물어보려고 했지요?"

"여쭤보려던 건…. 음, 아무래도 선생님의 문제를 먼저 해결해야 할 것 같은데요?"

물리 군이 친절하게 말했다.

"힘의 작용이 상호작용인 것처럼 사람도 서로 도와야 하지 않겠어요?"

선생님은 물리 군의 반응에 곧장 하소연을 늘어놓기 시작했다.

"전 여기 물리대학 부속 중학교의 물리 선생님이에요. 수업 분위기를 띄워 볼 생각으로 학생들한테 궁금한 것이 있으면 자유롭게 물어도 좋다고 늘 독려해 왔거든요. 그런데 예상보다 질문이 많아지더니 이제는 시험과 관련 없는 질문까지 쏟아져요. 창의적으로 생각하는 건 좋지만 매일같이 수업 준비에, 시험 문제 준비에, 채점까지 해야 하는데 그 많은 질문에 대답할 시간이 어디 있겠어요? 아무리 문제에 대답해도 칠판에는 질문이 빼곡하다니까요. 잠깐 한숨 돌리던 중이었어요."

"저는 물리 전공자예요. 제가 도와 드리는 건 어떨까요? 안 그래도 선생님께 부탁드릴 일이 하나 있거든요!"

물리 군이 말하자 선생님의 눈이 반짝 빛났다.

"너무 좋죠! 학생들이 간절히 기다리고 있거든요! 이쪽이에요. 교실로 갑시다!"

물리 군이 슈냥이를 불렀지만, 슈냥이는 이미 교실을 향해 쏜살같이 달려가고 있었다.

교실은 무척 시끌시끌했다. 학생들이 슈냥이를 에워싼 채 털 한번 쓰다듬어 보겠다며 너나없이 손을 뻗었다.

"냐옹! 얼른 나 좀 구해 줘!"

학생들의 손길이 슈냥이에게 막 닿으려는 순간, 물리 군이 칠판을 두드린 뒤 그 위에 쓰여 있는 질문들을 가리켰다.

"오늘은 선생님이 가르쳐 주지 않고 시험에도 나오지 않는 문제를 나랑 슈냥이가 해결해 줄 거야! 자, 필통에 넣은 자와 지우개 문제부터 시작해 보자!"

 **왜 자와 지우개를 필통에 오랫동안 넣어 두면 달라붙을까?**

자는 보통 플라스틱으로 만들고, 지우개의 원료는 다양합니다. 플라스틱 자에 달라붙는 지우개는 주로 연질 PVC를 쓰고 가소제를 넣어 일반적인 플라스틱으로 만든 지우개보다 부드러워요. 여기서 PVC는 가장 많이 사용하는 5대 플라스틱 중 하나로 폴리염화비닐을 말해요. 그리고 가소제는 플라스틱을 무르게 만드는 기능을 하지요. 가소제를 넣은 지우개와 플라스틱 자를 같이 두면 두 물건의 성분이 비슷하기 때문에 지우개에 들어 있는 가소제가 접촉면을 통해 플라스틱 자로 스며들면서 달라붙는 거예요.

간단히 말해서 이런 현상을 일으키는 주원인은 '유유상종', 즉 같은 성질끼리 더 잘 녹고 녹이는 특성 때문이에요. 두 물체가 달라붙는 원리를 알게 되었으니 플라스틱 자 대신 스틸 자를 쓰거나 아님 플라스틱 자와 지우개를 따로 보관하면 되겠지요?

왜 안경을 닦지 않고 오랫동안 쓰면 기름기가 돌까?

안경을 쓸 때 생기는 기름기는 보통 얼굴에서 분비되는 유분, 떨어져 나간 피부 조직, 공기 중의 먼지 때문에 생깁니다. 또는 안경알의 품질이 떨어져서 기름 얼룩을 막아 주는 기능이 없거나 안경알이 많이 긁혀서 그럴 수도 있어요. 브랜드나 활용도에 따라 안경알의 코팅 기술이 다르다 보니 기능을 위해 광학 코팅을 여러 겹 씌우기도 하지요.

광학 코팅에는 강화막, 반사 방지막, 소수성·소유성 코팅, 정전기 방지막 등이 있어요. 소수성·소유성 코팅은 오염 물질로부터 안경을 보호해 주기 때

쿠에 렌즈에 물이나 기름이 잘 묻지 않아서 앞이 더 잘 보인답니다. 기능이 알맞고 품질 좋은 안경을 쓰면 기름기가 생기지 않을 거예요. 또한 안경을 주기적으로 닦아서 깨끗한 상태를 유지하는 것도 좋겠지요.

Q 습도계는 어떤 원리로 작동할까?

규격이 같은 두 온도계가 나란히 붙어 있는 건습구 온도계를 예로 들어 볼게요. 하나는 온도를 측정하는 부분을 젖은 헝겊이 감싸고 있는 습구 온도계그, 다른 하나는 온도 측정하는 부분이 공기 중에 노출되어 있어 기온을 측정할 수 있는 건구 온도계예요. 공기 중의 상대습도가 100%보다 낮으면 거즈 속 수분이 증발하면서 열을 빼앗아 가기 때문에 습구 온도가 건구 온도보다 낮아져요. 공기가 건조할수록 수분도 많이 증발할 테니 건구와 습구의 온도 차이는 더욱 벌어지겠지요. 이때의 온도 차이를 계산해서 습도를 구하는 거예요.

원리는 간단하지만, 건구와 습구의 관계는 해석하기가 까다로워서 보통 습도표를 통해 절대습도를 알아냅니다. 가정용 건습구 온도계에는 습도 대조표가 적혀 있어서 그것을 보고 상대습도를 확인하거나 아랫부분에 달린 회전형 계산기를 돌려 상대습도를 계산할 수 있어요.

Q 진동하는 물체는 반드시 소리를 낼까?

소리란 물체가 진동할 때 발생하는 파동이 매질을 통해 전달돼서 인간이

나 동물의 청각기관이 감지하는 것을 말합니다. 소리가 나려면 물체의 진동, 파동을 전달하는 매질, 청각기관의 반응이라는 세 가지 조건을 모두 갖추어야 하지요. 질문에서 말한 '진동하는 물체'는 첫 번째 조건만 만족하는 셈이에요. 매질 없는 진공 상태에서는 소리가 전달되지 않거든요. 물체의 진동을 인간의 청각으로 느낄 수 없으니까 소리가 나지 않는다고 볼 수 있어요.

또한 진동수가 청각기관이 감지할 수 있는 범위를 초과한 경우에도 인간과 동물은 그 소리를 들을 수 없어요. 진동하는 물체가 반드시 소리를 낸다고 할 수 없는 거예요. 대신 '물체의 진동은 소리의 필요조건이지만 충분조건은 아니다'라고 하면 맞는 말이지요.

Q 음파와 충격파는 어떻게 다를까?

음파와 충격파는 모두 파동의 한 형태입니다. 음파는 물체의 진동으로 인해 매질의 압력이 중앙값에서 높아졌다 낮아지기를 반복하며 전달되는 파동입니다. 이때 압력 변화의 진폭은 데시벨(dB)이라는 단위로 나타냅니다. "40~50dB로 조용하다"라는 표현에서 진폭이 소리 크기와 관련 있음을 알 수 있죠. 압력이 진공보다 작아질 수는 없기 때문에 음파의 진폭에는 한계가 있고, 음파의 그 상한선은 194dB이에요.

소리 내는 물체의 속도가 소리의 속도보다 빠르면 에너지가 대단히 큰 충격파가 발생할 수 있어요. 물체가 음속보다 빠르게 움직이면 매질이 앞쪽의 공기에 진동을 전달하기도 전에 발음체가 먼저 도달해 발음체의 진동과 뒤쪽 공기에서 전달되는 진동이 겹치면서 공기의 압력, 온도, 밀도 등 물리적 특성을 급격하게 변화시켜요. 충격파의 상한선은 194dB이 넘습니다.

초음속 비행기는 비행 속도가 음속보다 빠르기 때문에 비행기의 머리와 꼬리 부분에 충격파가 발생해요. 충격파가 공기를 지나 갑작스럽게 인간의 귀에 도달하면 고막은 공기의 압력이 급격하게 변화하는 것을 느끼면서 요란한 충격음을 듣게 되지요. 이것이 바로 '소닉붐'이에요. 충격파의 에너지는 아주 빠른 속도로 줄어요. 에너지가 줄어들면 충격음 역시 금방 사라집니다.

Q 설거지할 때 그릇에 물방울이 맺히지 않아야 깨끗하게 닦인 거라고 이야기를 들었는데, 왜 그런 걸까?

그릇이 깨끗이 닦였는지를 결정하는 것은 주로 물의 표면장력과 그릇 표면에 붙은 물의 흡착력이에요. 액체가 고체에 떨어지면 굴곡진 액체의 표면과 고체의 표면 사이에 각이 생기는데, 이것을 '접촉각'(θ)이라고 합니다. 접촉각의 크기는 액체가 고체 표면에 달라붙은 정도에 따라 달라져요. 보통 깨끗한 유리에는 물이 납작하게 잘 달라붙어서 접촉각이 90°보다 작고 동그란 둘방울의 형태를 유지할 수 없어요.

접촉각은 고체 표면에 묻은 오염 물질에 아주 민감해서 오염 물질이 있으면 접촉각의 크기가 눈에 띄게 커집니다. 실험실에서 시약을 넣었던 유리 용기에는 잔여물이 많이 묻어 있어요. 이 잔여물은 물과 용기 표면의 접촉각을

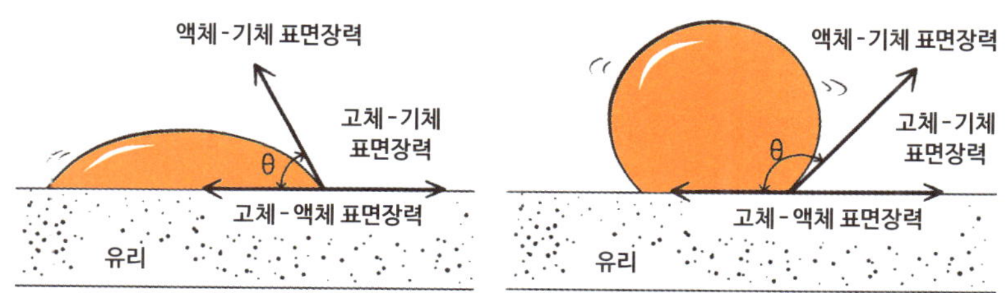

키우죠. 그럼 물은 유리 용기에 잘 달라붙지 못하고 방울이 맺히거나 그대로 흘러내려요. 표면에 묻은 물의 상태를 통해 유리 용기가 깨끗하게 닦였는지 판단할 수 있는 거예요.

이런 현상은 일상에서도 찾아볼 수 있습니다. 방수 옷감에 물을 떨어뜨리면 물은 깨끗한 유리에 묻었을 때와 달리 동그란 물방울 형태로 굴러다녀요. 연잎 위로 아주 맑고 투명한 물방울이 굴러다니는 것을 본 적 있을 거예요. 모두 물이 고체에 온전히 달라붙지 못해서 고체 표면과의 접촉각이 90°보다 크기 때문에 나타나는 현상이에요.

Q 왜 플라스틱은 열을 가하면 쪼그라들까?
이 경우에는 열팽창이 적용되지 않는 걸까?

'열팽창'은 물체가 열을 받으면 팽창하는 것을 말해요. 반대로 열을 빼앗기면 수축하기도 하죠. 그 이유는 물체를 이루는 원자의 운동이 온도에 따라 달라지기 때문이에요. 온도가 올라가면 입자의 진동 폭이 커지고 부피가 커집니다. 반면 온도가 떨어지면 입자의 진동 폭이 작아지고 물체의 부피가 작아져요.

열팽창은 대부분의 물체에서 나타나요. 하지만 4℃ 이하의 물, 안티모니, 비스무트, 갈륨, 청동 등의 물질은 특정 온도 범위에서 이와 반대되는 모습을 보입니다. 예를 들어 물은 4℃에서 부피가 제일 작고, 온도가 높아지든 낮아지든 4℃ 때보다 부피가 커져요.

플라스틱의 경우 상황이 조금 더 복잡합니다. 플라스틱은 특정 단위체(monomer)가 반복적으로 연결된 고분자 화합물입니다. 에틸렌이 반복적으로 결합하면 폴리에틸렌, 프로필렌이 반복적으로 결합하면 폴리프로필렌이 되죠. 플라스틱 제조 과정에서 단위체들이 결합한 분자 사슬에 특정한 배향(고분자 물질의 미세 결정이나 분자 사슬이 일정 방향으로 배열되는 것)이 생겨요. 다만 플라스틱이 탄성을 가지기 시작하는 온도인 유리전이 온도를 초과하면 고분자 전체가 아닌 일부 사슬이 독립적으로 열운동하는 분절 운동(segmental motion)이 활발하게 일어나면서 분자 사슬의 배향을 떨어뜨리죠. 그 결과 플라스틱이 쪼그라들면서 형태가 크게 바뀌는 거예요.

 용수철의 탄성력과 변형된 길이는 어떤 관계성이 있을까?

용수철의 탄성력이 변형된 길이에 비례하는 것을 '훅의 법칙'이라고 해요. 이때 탄성력과 변형된 길이의 비율을 탄성계수라고 합니다. 고체에 힘을 가했을 때 크기가 달라진 정도를 변형률(strain)이라고 해요. 넓은 의미에서 훅의 법칙이란 고체의 응력(외부 힘으로 인한 변형에 저항하는 정도. 탄성력도 응력으로 인한 결과 중 하나)이 변형률과 비례한다는 의미라고 할 수 있어요.

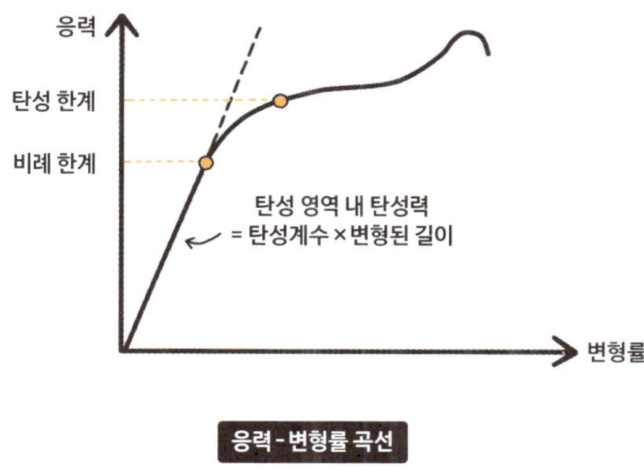

응력 - 변형률 곡선

일반적으로 물체의 응력과 변형률이 항상 비례하지는 않아서 응력-변형률 계수(응력÷변형률)도 일정하지 않아요. 하지만 응력이 너무 크지 않은 구간 안에서 두 값은 거의 비례 관계에 가깝죠. 비례 관계가 유지되어 응력-변형률 계수가 거의 일정한 범위를 탄성 영역이라고 합니다. 훅의 법칙은 탄성 영역에서만 성립돼요. 용수철이 받는 힘이 탄성 영역을 넘으면 훅의 법칙이 적용되지 않으니까 탄성계수 역시 더는 일정하지 않겠지요.

Q 왜 삼각형을 가장 안정적인 구조라고 할까?

구조의 안정성을 판단하는 데는 두 가지 요소가 있습니다. 하나는 구조를 이루는 재료고, 다른 하나는 기하학적 구조예요. 삼각형의 안정성은 기하학적 구조와 관련 있어요.

삼각형은 세 변의 길이가 주어지면 유일하게 결정돼요. 여기서 '유일하게 결정된다'라는 말은 삼각형이 변의 길이를 유지한 채로 다른 모습의 삼각형으로 바뀔 수 없다는 것을 의미해요. 삼각형은 기하학적 특성상 다른 무언가를 더하지 않아도 형태가 바뀌지 않죠. 바꿔 말해서 삼각형의 형태가 달라졌다면 구조가 무너진 것이 분명하고, 이런 경우는 대개 재료의 강도가 떨어져서 삼각형의 변이 끊어진 거예요.

하지만 다른 다각형에는 이런 성질이 없죠. 예를 들어 네 변의 길이가 모두 같은 사각형은 유일하게 결정되지 않아요. 정사각형뿐 아니라 여러 모습의 마름모도 네 변의 길이가 모두 같죠. 결과적으로 사각형은 네 변 외에 다른 무언가를 더해야만 안정적으로 만들 수 있답니다.

 **왜 종이는 찢는 방향에 따라 필요한 힘이 달라질까?**

종이의 섬유 배향 때문입니다. 종이는 배향이 같은 섬유를 한데 이어 붙인 것이에요. 배향이 같다는 것은 섬유가 나란히 놓여 있는 것으로 이해하면 돼요. 섬유는 접착제로 붙인 것보다 끊어 내기가 더 힘듭니다. 종이를 찢을 때 힘이 크게 든 쪽은 섬유를 중간에 잘라낸 것이고, 반대로 힘이 적게 든 쪽은 섬유가 결대로 분리된 거예요. 그래서 섬유 배향에 수직 방향으로 찢는 것이 평행 방향으로 찢는 것보다 더 힘든 것이지요.

종이의 제작 과정을 간단히 알아볼게요. 우선 종이 만드는 기계에 펄프를 넣고 뽑아서 섬유를 한 방향으로 배열합니다. 이렇게 나온 액체 펄프를 종이 모양의 틀에 채운 뒤 이리저리 흔들어서 물기를 빠르게 없애주면 섬유 조직은 더욱 견고해지죠. 그래도 배열은 흐트러지지 않습니다. 압착과 건조 과정을 거치면 종이가 완성돼요.

이런 제작 과정 때문에 종이의 섬유에는 일정한 배향이 생기고, 종이는 물리적 성질이 방향에 따라 달라지는 '이방성'을 가집니다. 종이에 잉크가 번지거나 물이 닿았을 때 방향에 따라 액체의 확산 속도가 다르죠. 액체는 섬유 배열과 같은 방향으로 더욱 빨리 퍼져나가요. 주의할 점은 모든 종이가 그렇지는 않다는 것이에요.

예를 들어 화선지는 섬유 배향이 불규칙해서 어떤 방향으로 찢어도 들어가는 힘이 똑같아요. 물리적 성질이 방향과 관계없이 일정한 '등방성'을 가진다고 할 수 있지요. 화선지에 잉크를 떨어뜨리면 동그랗게 번질 거예요. 가능하다면 여러분도 직접 실험해 보세요. 평소 관찰력이 뛰어난 친구들은 한 방향으로만 찢어지는 천도 있다는 것을 알 거예요. 기계로 짠 천에는 세로로 놓인 날실과 가로로 놓인 씨실이 있는데, 날실이 훨씬 튼튼하므로 날실의 방향대로 찢으면 쉽게 찢어지죠. 이런 천도 이방성을 가진다고 할 수 있어요.

Q 무거운 물건이 더 멀리 날아갈 때도 있을까?

이 문제를 쉽게 분석하기 위해, 던지는 물체는 크기와 모양이 똑같되 질량만 다르고 물체에서 손을 떼는 순간과 손의 각도가 언제나 같다고 가정할게요. 손으로 물체를 던졌을 때, 일반적으로 물체의 질량이 클수록 멀리 날아가지만, 질량이 어느 기준 이상으로 커지면 날아가는 거리는 오히려 줄어듭니다. 아무래도 아무것도 들지 않았을 때 손을 휘두르는 속도가 가장 빠르겠지요. 반면 손에 쥔 물체의 질량이 클수록 손을 휘두르는 속도가 줄어요.

공기저항을 무시한다면 초기(손을 떠나는 순간) 속도가 빠른 물체, 다시 말해 손을 쉽게 휘두를 수 있는 질량이 작은 물체가 더 멀리 날아갈 거예요. 하지만 실제로는 공기저항이 작용하죠. 공기저항은 주로 물체의 모양과 속도에 따라 결정됩니다. 그래서 동일한 초기 속도로 날아간 모양이 같은 두 물체가 처음에 받는 공기저항의 크기는 거의 같아요. 하지만 같은 힘을 받을 때 물체의 속도는 질량이 작을수록 빠르게 변하죠. 가속도는 질량에 반비례하니까요. 따라서 질량이 작은 쪽이 공기저항의 효과를 더 많이 받습니다.

결과적으로 가벼운 물체의 초기 속도가 더 빠르더라도 공기저항으로 인한 속도 변화 역시 크기 때문에 날아가는 속도가 빠르게 줄어들지요. 반대로 질량이 큰 물체는 초기 속도가 그만큼 빠르진 않지만, 공기저항으로 인한 속도 변화가 작기 때문에 날아가는 속도가 천천히 줄어들어서 질량이 작은 물체보다 멀리 날아가게 돼요. 하지만 물체의 질량이 너무 크다면 공기저항으로 인한 속도 변화가 작더라도 던지는 속도 자체가 느려서 멀리 날아가지 못하겠지요.

 **왜 철사를 반복해서 구부리면 열이 날까?**

일상에서 흔히 볼 수 있는 철사와 같은 금속은 완벽한 단결정(물질 전체에서 고르게 규칙적으로 연결된 격자 구조를 가진 결정)이 아니라서 분자 배열의 주기성이 완벽하지 않고, 곳곳에 깨진 틈이나 흠집이 많아요. 철사를 반복해서 구부리는 행동은 안 그래도 온전하지 않은 결정의 배열을 더욱 어긋나게 만드는 일이라고 할 수 있습니다. 처음에는 집단적인 상대 운동을 하던 원자들이 반복적으로 변형을 가하면 개별적이고 불규칙한 운동을 하는 것이지요. 이 변화는 탄성 변형(외력이 가해지면 변형되지만, 외력을 제거하면 변형 전의 상태로 되돌아가는 변형)을 하던 원자들이 소성 변형(외력을 제거하더라도 변형 전의 상태로 되돌아가지 않는 변형)을 하게 되었다고 말할 수 있어요. 철사를 반복해서 구부리면 소성 변형이 일어나고요. 철사를 구부리는 데 가해진 힘과 에너지는 미세한 소성 변형이 일어나는 중에 흩어지면서 불규칙한 열운동을 만들어요. 이 불규칙한 열운동의 결과로 철사의 온도가 올라가는 것이랍니다.

왜 마찰하면 열이 생길까?

마찰할 때 열이 생기는 것은 일상에서 흔히 볼 수 있는 현상입니다. 그 미시적 원리는 여전히 연구 중이에요. 마찰력의 본질은 전자기력이고, 마찰할 때 열이 나는 현상의 본질도 마찰로 인한 전자기 상호작용이라고 할 수 있어요. 간단하게 말하면, 마찰로 인한 전자기 상호작용이 표면에 있는 원자들의 운동을 활발하게 하고, 근처의 원자에 에너지를 전달하며 온도가 올라가게 되는 것입니다.

마찰력이란 접촉하고 있는 두 물체가 상대운동을 하거나 상대운동을 하려고 할 때 접촉면에 그 운동의 반대 방향으로 발생하는 저항력을 말합니다. 보통 접촉하고 있는 두 평면은 원자 범위까지 완벽하게 평평해질 수 없는데 공기 중에 노출된 물체에 부유물이 잔뜩 붙어서 표면이 울퉁불퉁하기 때문에 서로 맞물리게 돼요. 이때 움직이는 접촉면의 돌기 부분이 전기적 반발력으로 충돌을 일으켜서 마찰력이 발생하는 것이지요. 이 충돌로 인해 화학 결합이 수없이 끊어지고 재결합하게 돼요. 물체의 운동을 방해하는 마찰력의 세기는 물체의 표면이 거친 정도, 물체를 만든 재료의 종류(화학 결합의 강도)와 아주 밀접한 연관이 있어요.

만약 두 물체의 접촉면을 원자 범위까지 평평하게 만든다면 마찰력을 없앨 수 있을까요? 실제로 불순물이 없는 고진공 상태를 구현한 실험실에서도 원자 사이에 발생하는 전자기 상호작용으로 인한 저항력을 볼 수 있어요. 흑연 구조에 작용하는 반데르발스 힘, 각종 첨단 현미경의 탐침과 샘플 표면에 있는 원자의 전기적, 자기적 상호작용 등의 예시가 있습니다.

Q 한번 깨진 거울은 왜 원래대로 붙일 수 없을까?
깨진 조각을 맞붙이면 거울을 복구했다고 볼 수 있을까?

물체가 깨지면 결합이 끊어지고 구조가 틀어지며, 일부 구조는 떨어져 나가기도 합니다. 거울 역시 깨지면 이온결합이나 공유결합이 끊어지고 자잘한 유리 부스러기가 생겨요. 거울이 깨지는 순간, 새로 만들어진 거울 경계면의 원자들은 기존의 결합이 끊어지면서 공기와 만나 기체 분자를 잡아당겨 막을 만듭니다.

분자 간의 상호작용은 거리에 아주 민감해요. 일반적으로 분자 하나가 지나갈 만큼 가까운 거리에서는 분자끼리 밀어내는 힘인 척력이 생기는데, 이 척력은 거리가 가까워질수록 급격하게 강해져요. 고체나 액체를 압축하기 어려운 것도 이 때문이지요. 하지만 일정 거리 이상 멀어지면 분자 간에 끌어당기는 힘인 인력이 생겨요. 그러다 원자가 몇 개 정도 지나갈 수 있을 만큼 거리가 벌어지면 인력도 서서히 줄어들지요.

깨진 거울을 원상 복구하고 싶어도 기존에 결합했던 원자들끼리 다시 결합하게 할 수는 없어요. 눈으로는 확인할 수 없지만 기체 분자에 의해 새로운 경계면이 생겼거나, 원자들의 원래 위치가 틀어졌거나, 일부 구조가 이미 떨어져 나갔기 때문이에요. 원자들은 저마다 불규칙한 진동을 해요. 한번 깨진 거울은 미시적 관점의 원상 복구는 물론이고 눈에 보이는 원상 복구도 불가능한 거예요.

 물질의 가연성을 결정하는 구조는 무엇일까?

가연성(可燃性)은 불꽃을 내며 불에 잘 타는 물질의 성질을 말해요. 가연성이 강한 물질로는 수소·에탄올·셀룰로이드 등이 있고요. 일반적으로 '연소'는 가연성 물질과 산소가 만나 생기는 산화환원반응으로 정의할 수 있습니다. 산소는 전자를 얻는 산화제고, 가연성 물질은 전자를 잃는 환원제로 작용해요. 충분히 온도가 높다고 가정했을 때, 산화환원반응이 가능한지는 반응물의 반응 전후 자유 에너지에 의해 결정돼요.

정리하자면 연소한 뒤에 만들어지는 물질의 자유 에너지가 연소하기 전의 물질이 가지는 자유 에너지보다 적을 때 산화환원반응이 일어나는 거예요.

화학 반응이 잘 일어날 수 있는지 판단하는 기준으로 자유 에너지가 핵심적인 역할을 하는 것이지요. 보통 반응물의 에너지 합이 높고, 생성물의 에너지가 낮으면 화학 반응이 쉽게 일어나거든요.

기존 결합을 끊고 산화물 원자와 결합한 뒤 생성된 새로운 물질의 총에너지가 오히려 더 낮아지는 화합결합 구조에서 연소가 잘 일어납니다.

Q 불을 끄기도 하고 키우기도 하는 바람의 원리는 무엇일까?

연소에는 세 가지 조건이 필요합니다. 발화점에 이르게 하는 열 에너지, 산소로 대표되는 산화제, 환원제 역할을 하는 가연성 물질이 그것이지요.

타는 물질을 향해 부는 바람은 열 에너지를 일부 빼앗으면서 물질을 태울 수 있는 산소를 더 많이 가져다주기도 해요. 불길의 방향을 바꿔서 불꽃의 모양을 변화시키기도 하지요. 불꽃 모양이 변하면 가연성 물질에 전달될 열 에너지나 산소를 뺏겨 불이 꺼질 수 있어요. 입김으로 촛불을 끄는 것이 그 예예요. 다만 휘어진 불꽃이 더 많은 가연성 물질을 태우면서 불길이 옮겨 붙을 가능성도 있답니다.

촛불이 타고 있을 때, 가연성 물질은 이미 산소를 충분히 접촉한 상태예요. 바람이 분다 해도 산화제는 그 이상 강해질 수 없고, 오히려 촛불이 타면서 만들어진 열 에너지를 대량으로 빼앗기지요. 바람은 불을 끄는 역할을 합니다. 쌓아 놓은 종이 더미를 태울 때, 안쪽에 있는 종이는 공기와 닿을 수가 없어요. 하지만 바람이 불면 종이가 펄럭이면서 산소와 충분히 접촉할 수 있겠지요. 이때 바람은 불을 더 키우는 역할을 해요.

 **알코올램프의 원리는 무엇일까? 왜 알코올램프에
불을 붙여도 병에 담긴 알코올에는 불이 붙지 않을까?**

가장 흔히 볼 수 있는 알코올램프의 구조는 아래 그림과 같아요.

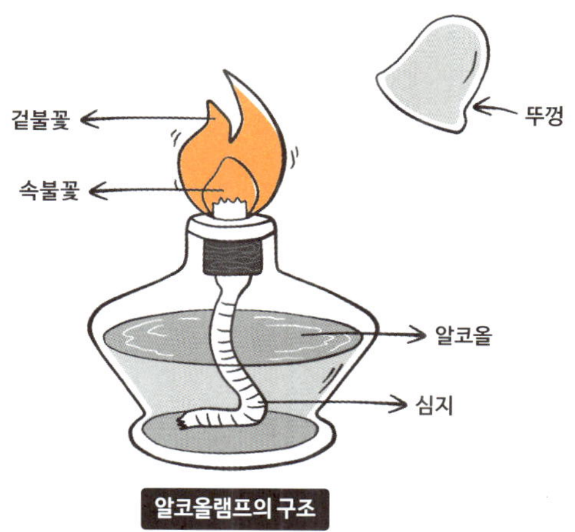

알코올램프의 심지는 면섬유를 겹겹이 감싸서 만듭니다. 심지의 한쪽을 알코올에 담그면 모세관 현상으로 인해 알코올이 심지를 타고 위로 올라가지요. 알코올 자체는 쉽게 휘발되고 발화점이 아주 낮아요. 휘발된 알코올이 증기 형태로 심지 윗부분에 머물면서 공기 중의 산소와 충분히 접촉할 수 있기 때문에 불이 붙는 거예요. 이때 모세관 현상이 병에 담긴 알코올을 끊임없이 심지 위로 끌어올리고 높은 온도 덕분에 알코올 증기가 계속 만들어져서 연소 과정이 쭉 이어질 수 있지요.

심지의 소재는 알코올보다 발화점이 훨씬 높아요. 알코올이 증발하면서 열 에너지를 흡수하기 때문에 불꽃, 특히 속불꽃의 온도는 심지에 불을 붙일 만큼 뜨겁지 않죠. 결과적으로 병 안에 담긴 알코올은 충분한 열 에너지와 연소에 필요한 산소를 얻지 못해서 불이 붙지 않는 거예요.

한 가지 주의할 점이 있어요! 화학 선생님이 알코올램프 안에 알코올을 너무 많이 넣으면 안 된다고 하셨던 말을 기억하나요? 알코올을 가득 담아서 병 속에 알코올 증기가 과하면 폭발할 수도 있거든요. 알코올을 절대 가득 채우면 안 된답니다.

Q 연필로 그은 선은 왜 전기가 통할까?

연필심은 흑연과 점토를 섞어서 만드는데, 이 흑연에 전기가 통합니다. 연필로 글을 쓰는 것은 사실상 연필심을 마찰시켜서 가루를 종이 표면에 바르는 행동이에요. 연필로 그은 선에는 흑연이 있기 때문에 맞닿은 흑연 입자들이 끊이지 않고 쭉 이어지면 전기가 통하는 거예요. 하지만 연필로 선을 그어서 꼬마전구에 불을 밝히는 실험을 해 보면 전기 전도도가 그리 좋지 않다는 것을 알 수 있어요. 불이 켜질 때도 있지만 불이 들어오지 않을 때도 있을 거예요. 흑연 선이 아주 얇은 한 겹으로 배열되어 있기 때문이지요. 점토 덩어리 때문에 흑연의 배열이 뚝뚝 끊긴다면 전도도는 큰 영향을 받을 테니까요.

흑연의 원자 구조와 배열은 같은 층 안에서의 전도도는 높지만, 층과 층 사이의 전도도는 약하게 만들어요. 즉 이방성이 아주 뚜렷하게 나타난다는 뜻이지요. 연필심을 만들려면 흑연을 뭉갠 다음 점토와 섞기 때문에 흑연의 원자 구조는 이미 망가진 상태예요. 그래서 전기 전도도가 그다지 높지 않은 거예요. 전기가 통하는 길과 연필로 그은 선 속의 흑연 사이에는 아주 큰 접촉 저항이 생깁니다. 재료 물리학 실험에서 접촉 저항은 재료의 전기 전도도를 측정할 때 피할 수 없는 문제 중 하나예요. 앞서 말한 실험에서 불이 들어오지 않는다면 꼬마전구를 LED 전구로 바꿔 보세요. LED 전구는 아주 약한 전류에도 반응하니까 꼬마전구보다 쉽게 불이 들어와서 성공률이 높아질 거예요.

Q 어떻게 해야 동전을 물에 띄울 수 있을까?

물의 표면장력이 어떻게 동전을 물에 띄우는지 알아봅시다. 그림에서 알 수 있듯이 동전을 물 위에 올려놓으면 수면의 표면장력이 동전을 위쪽 사선 방향으로 밀어내요. 이 힘과 동전이 받는 부력을 합한 힘이 중력과 엇비슷할 때 동전이 물에 뜨는 거예요.

다시 문제로 돌아가 볼게요. 우선 가벼운 동전을 고르는 것이 좋아요. 10원짜리 동전은 쉽게 물에 뜨거든요. 다음으로 물은 순도가 높아야 해요. 순수한 물일수록 표면장력이 크기 때문이지요.

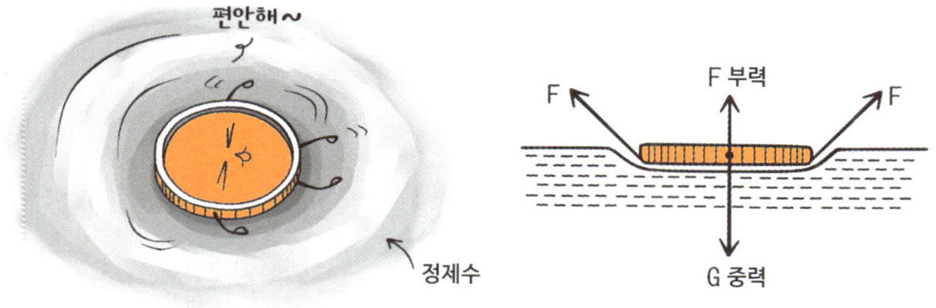

마지막으로 아주 중요한 조건이 있어요. 동전을 물 위로 툭 던지면 동전은 관성 때문에 바로 가라앉을 거예요. 그래서 동전을 아주 천천히 물 위에 올려야 해요. 핀셋이나 구부러진 철사, 클립 같은 것으로 동전을 집어서 물에 내려놓거나 손으로 동전의 아랫부분을 받치고 천천히 물 위에 수평으로 놓아 보세요. 그럼 웬만하면 동전이 뜰 거예요.

검은색이나 빨간색 펜의 심지 뒷부분에는 왜 투명한 물질이 들어 있을까?

펜의 심지 뒤쪽에 잉크가 아닌 투명한 기름 물질이 있는 것을 본 적 있나요? 그 물질의 정체는 무엇일까요? 이 기름 물질은 밀봉제의 일종으로 주성분은 리튬그리스예요. 어느 정도 점성이 있어 끈끈하고 휘발유에 닿아도 성질이 변하지 않죠. 심지에 잉크를 담은 다음 뒷부분에 이 밀봉제를 넣으면 습도를 유지할 수 있고, 잉크가 밖으로 흘러나오거나 증발하지 않도록 막아 줍니다.

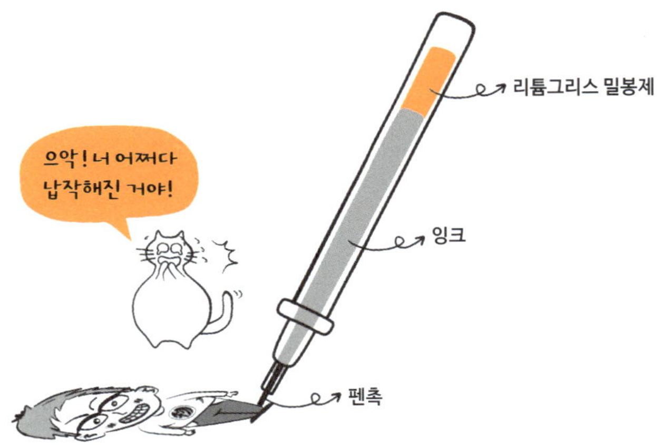

펜을 사용하다 보면 심지 속 잉크가 차츰 줄어들어요. 이때 외부 대기압 때문에 리튬그리스가 심지 안쪽으로 움직이면서 잉크를 앞으로 밀어내 매끄럽게 글을 쓸 수 있도록 도와주지요.

질량과 에너지는 같은 개념의 다른 면이고 서로 변환될 수 있습니다. 질량이 곧 에너지고, 에너지가 곧 질량이란 뜻이지요. 핵반응 과정에서의 질량의 손실은 다른 에너지의 형태로 전환됩니다.

핵융합이나 핵분열이 일어날 때 소립자의 질량 혹은 정지 에너지가 운동 에너지로 변하는 동시에 광자와 같은 다른 소립자를 만들어 내요. 다시 말해 핵반응하는 소립자의 질량과 에너지의 일부가 광자와 같이 새로 만들어진 소립자의 질량과 에너지로 바뀌는 것이며, 실제로 무언가가 사라지는 것이 아니에요. 이때 늘어난 운동 에너지는 '열'로 바뀌어요. 우리는 핵반응을 통해 얻은 그 열을 다시 우리에게 필요한 에너지로 바꾸어 사용하지요.

Q **소리로 불을 끌 수 있을까?**

가능합니다. 하지만 모든 소리로 불을 끌 수 있는 것은 아니에요. 몇 년 전, 미국 조지메이슨대학교 공대의 두 학생이 발진기, 증폭기, 시준기를 합쳐서 휴대용 음파 소화기를 발명했어요. 발진기가 30~60Hz의 낮은 진동수의 소리를 만들어 내고, 증폭기가 소리 신호를 키우면 시준기가 그 소리 신호를 불이 난 곳으로 보내서 규모가 작은 불을 끌 수 있지요. 두 가지 방면에서 음파 소화기의 작용 원리를 생각할 수 있겠네요. 하나는 연소의 조건이고, 다른 하나는 소리의 본질이에요.

연소에는 세 가지 조건이 필요합니다. 가연성 물질, 산화제, 열 에너지예요. 소리의 본질은 물질의 진동이 공기 중에 퍼져 나가는 것으로, 원래 음파는 대부분 진동이 아주 작지만 고막의 미세한 진동 덕분에 사람이 소리를 들을 수 있는 거예요. 증폭기가 소리 신호의 진동 폭을 키운 다음 시준기가 그 소리 신호를 불이 난 곳으로 보내요. 그러면 특정 진동수에서 매질인 산소 분자를 연소물과 잠시 분리시킬 수 있어요. 연소 속도가 너무 빠르지 않고, 연소를 유지시키는 산소가 외부에서 흘러들 틈을 주지 않는다면 불을 끌 수 있지요. 초대형 증폭기와 시준기를 만들지 않는 한 음파 소화기로 대형 화재를 진압하는 것은 어려워요.

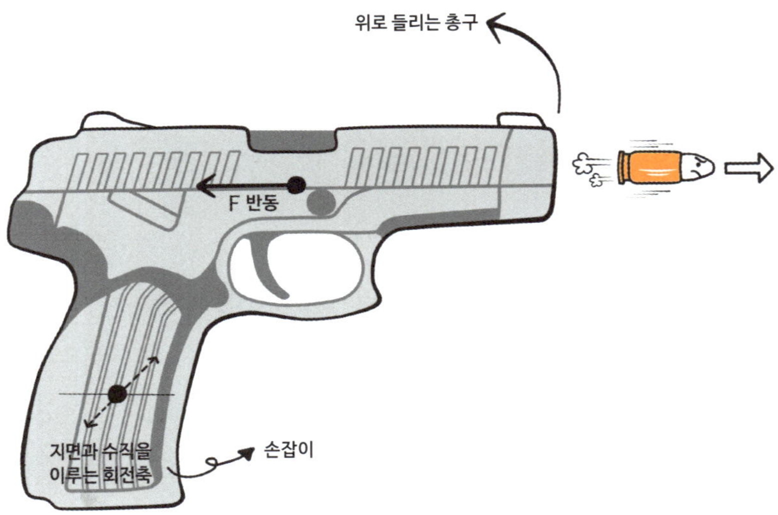

손잡이를 단단히 잡았다고 가정했을 때, 다시 말해 반동으로 손잡이의 위치가 달라지는 것을 무시한다면 손잡이는 회전축으로 볼 수 있어요. 이때 반동력은 손잡이를 축으로 토크(돌림힘)를 만들어요. 반동이 총을 반시계 방향으로 돌린다는 것을 어렵지 않게 알 수 있지요. 반시계 방향의 회전 때문에 총구가 위로 들리는 거예요.

 **하늘로 총을 쐈을 때,
다시 땅으로 떨어진 총알에 맞으면 다칠까?**

　당연히 다칠 수 있고 몹시 위험할 상황이 생길 수도 있어요. 무언가를 기념할 때 하늘로 총을 쏘는 것을 기념 사격이라고 합니다. 기념 사격으로 사람이 다치거나 죽을 수도 있어요. 땅에서 완벽한 수직 방향으로 총을 쏜다면, 총알이 떨어지는 속도는 총알이 받는 중력과 공기저항이 평형을 이루는 종단 속도보다 느리거나 같을 거예요.

　물체가 종단 속도에 이르면 공기저항과 중력은 평형을 이루는데, 이것은 그 물체가 공기 중에서 떨어질 때 낼 수 있는 최대 속도예요. 미국의 과학 프로그램에서 실험했던 결과에 따르면, 종단 속도에 이른 총알은 생명에 위협을 줄 만큼 파괴적이지 않다고 해요. 하지만 당시 실험에서 사용한 특정 총과 특정 조건에서 측정된 결과임을 주의해야 해요.

　일반적으로 총은 땅에서 완벽한 수직이 아니라 엇나간 방향으로 쏘게 돼요. 이때 총알이 비행하는 속도는 비교적 천천히 줄어들어 총알이 떨어지는 속도는 사람을 다치거나 죽게 할 만큼 빠를 가능성이 커요. 정리하면, 하늘로 쏜 총알이 땅으로 떨어질 때 가지는 파괴력은 총을 쏘는 각도와 아주 밀접한 관련이 있습니다. 어쨌든 하늘로 총을 쏘는 것은 그 자체로 아주 위험한 행동이에요.

그 이유는 공기가 유체이기 때문이 아니라 주먹에 맞은 공기가 너무 가벼워서 주먹과 공기가 주고받는 힘이 굉장히 약하기 때문이에요. 물도 똑같은 유체지만 물속에서 주먹을 휘두르거나 위에서 떨어지는 물에 맞았을 때 물이 사람에게 가하는 힘이 분명하게 느껴지잖아요. 이는 물이 공기보다 밀도가 훨씬 높기 때문이에요. 만약 주먹을 휘두르는 것이 아니라 로켓을 쏜다면 상황은 다르겠지요. 초고속으로 하늘 높이 치솟은 로켓은 큰 공기저항을 받을 거예요. 여기서 공기저항은 로켓이 공기에 맞는 것으로 볼 수 있어요.

우리가 피부로 느끼는 힘은 사실 일정 시간 동안 받은 힘의 평균값이라는 점을 알아야 합니다. 허공에 주먹을 휘두르면 공기는 전반적으로 주먹과 같은 속도를 얻어요. 공기에 비하면 손이 훨씬 무거워서 공기 분자가 주먹에 맞아 튕겨 나오니까요. 그래서 주먹을 아주 빠르게 휘두를 수만 있다면 공기에 맞는 느낌이 들 수 있어요. 공기가 더 큰 힘을 받아 더 빠르게 움직이는 만큼 반작용도 커지니까요.

Q 빈 병에 들어간 모기가 벽에 붙지 않고 공중에 떠 있다면,
모기의 무게만큼 병의 무게가 늘어날까?

모기가 들어갔다고 해서 병 자체의 질량이 변하지는 않아요. 하지만 이 병을 저울에 올려놓는다면 저울의 바늘이 움직일 수는 있습니다. 병에 들어간

모기는 지구의 중력을 극복하기 위해 날개를 펄럭이며 상승력을 얻어요. 다만 상승력을 얻는 동시에 아래로 퍼덕이는 날갯짓으로 인해 모기 근처에 있는 공기가 아래로 움직이는 흐름이 생기죠. 만약 뚜껑을 꽉 닫았다면 아래로 흐르는 공기가 병의 바닥에 부딪힐 텐데, 이것은 병에 힘이 가해지는 것으로 볼 수 있어요. 예민한 저울이라면 바늘이 움직일 거예요.

또 다른 관점에서 병이 완벽하게 밀봉되었을 때 병과 병 속의 공기, 모기를 통틀어 하나의 물체로 볼 수 있어요. 만약 모기가 허공의 어느 지점에 가만히 더 있다면 이 물체는 평형 상태고 총질량은 병, 병 속의 공기, 모기의 질량을 합한 것과 같아요. 그럼 모기의 '체중'이 병 속의 공기를 통해 병의 바닥으로 전해졌다고 봐야겠죠.

Q 탄소가 높은 온도에서 높은 압력을 받으면 다이아몬드가 된다. 그렇다면 어느 지역에 수십만 톤의 탄소 물질을 쌓아 놓고 수소 폭탄을 터뜨리면 다이아몬드를 잔뜩 만들 수 있을까?

새로운 다이아몬드 합성법을 찾은 것을 축하합니다! 사실 폭발로 다이아몬드를 만드는 기술은 이미 생산에 쓰이고 있어요. 상평형에 가까운 상태에서 서서히 결정체를 만드는 '정압법'과 달리, '폭발법'은 반응이 빠르고 결정체를 만드는 데 걸리는 시간이 대단히 짧아요.

이 기술로 얻는 결과물은 대부분 입자가 아주 작은 미세 결정이나 다결정 다이아몬드예요. 나노 다이아몬드를 합성하는 다른 방법, 예를 들어 수열합성법, 이온 충격, 플라스마 화학기상증착법 등에 비하면 폭발법은 반응 속도가 빠르고 효율이 좋아서 에너지를 절약할 수 있습니다. 오늘날 나노 다이아몬드를 생산하는 핵심 방법 중 하나로 자리 잡았죠.

폭발로 다이아몬드를 합성하는 초기 기술은 폭발충격법이에요. 이것은 폭약을 터뜨려 만들어 낸 충격파의 압력과 그 압력으로 생긴 고온이 흑연의 상태를 변화시켜서 다이아몬드를 만드는 방법이지요. 폭발충격법은 수율과 회수율이 낮고 불안정하다는 단점이 있어요. 그래서 음속보다 몇 배 더 빠르게 터지는 폭굉(불길의 전달 속도가 음속보다 큰 폭발 현상)으로 합성하는 기술이 발전했어요.

폭굉합성법은 주로 TNT나 RDX를 원료로 쓰는 탄소가 함유된 폭약이 폭굉하는 순간 급격하게 높아진 온도와 압력을 이용해요. 산소평형이 떨어지는 폭약을 폭굉했을 때, 산화되지 않은 탄소 원자에 응집과 결정화 등 일련의 물리·화학적 처리를 거치면 다이아몬드 상을 가진 나노 크기의 탄소 입자 집합 구조를 만들 수 있어요. 그다음 산화제로 다이아몬드가 아닌 탄소 물질을 제거하면 나노 다이아몬드가 되는 것이지요.

후아암~
정신 차려!
도착했어!
딩동~
BUS
010
디지털단지

미션 완료! 다음 단계로 출발!

물리 군이 물리 칠판에 적힌 문제에 모두 대답했지만, 학생들은 끝없이 손을 들었다. 물리 군은 진즉 학생들의 반응을 예상했던 터라, 엉뚱한 질문이 나와도 인내심을 가지고 명쾌하게 대답했다. 선생님은 깜짝 놀랐다.

‘대체 어디서 온 친구지?’

그 생각을 하던 중 문득 물리 군이 자신에게 무언가 물어보려 했었다는 것이 떠올랐다. 선생님은 적당한 기회를 봐서 물리 군에게 물었다.

“아까 나한테 뭘 물어보려고 했었죠?”

“물리대학교에 가고 싶은데 어떻게 가는지 몰라서요.”

물리 군이 솔직하게 털어놓았다. 그러자 선생님이 버스카드 한 장을 건넸다.

“버스를 타고 O1O 디지털단지 역에서 내려요. 물리대학교에 가려면 꼭 거쳐야 하는 곳이거든요!”

물리 군은 선생님과 악수한 뒤 버스카드를 받았다. 슈낭이와 함께 다음 여정을 시작했다.

전자제품에서 만난 물리

네 번째 미션 시작!

물리 군이 버스에서 내리는 순간, 슈냥이가 "냐옹!" 소리를 내며 쌩하고 달려갔다. 자세히 보니 길가에서 청소하고 있는 로봇이 슈냥이의 관심을 끈 모양이었다. 청소 로봇은 아주 작았지만 움직임은 빨라서 로봇이 지나간 길은 거울처럼 반짝반짝 빛이 났다. 장애물도 가뿐히 피해 지나갔다. 청소 로봇과 노는 재미에 푹 빠진 슈냥이는 자꾸만 청소 로봇에 올라타려고 했다. 그사이 물리 군은 이곳 O1O 디지털단지를 자세히 둘러봤다.

저 멀리 과학의 기운이 가득 느껴지는 큰 건물이 보였다. 건물 외벽에 붙어 있는 거대한 전광판에서 아나운서 로봇이 로봇 연구개발이 어떻게 진행되고 있는지 보도하고 있었다. 이따금 길에 보이는 사람 모습의 생명체는 대부분 각양각색의 로봇이었고, 심지어 강아지 로봇도 돌아다녔다.

그때, 아주 흥분한 고양이 울음소리와 함께 '지지직' 하는 기계음이 들렸다.

"슈냥이, 너 또 사고 쳤구나!"

물리 군은 화가 머리끝까지 치밀었다. 슈냥이가 저렇게 울 때마다 번번이 안 좋은 일이 터지곤 했다. 소리가 들린 쪽으로 고개를 돌려 보니 지시등이 꺼진 청소 로봇이 산산조각이 난 채로 길에 누워 있고 슈냥이는 의기양양하게 반짝반짝 빛나는 칩 하나를 들고 있었다. 물리 군이 반응을 보이기도 전에 경보음이 울렸다.

"비상, 비상, 로봇을 파괴한 인간을 발견했다!"

청소하던 다른 로봇들이 하나둘 공격 태세를 갖췄고, 길을 지나던 로봇들도 눈에서 빨간빛을 뿜으며 물리 군과 슈냥이를 돌아봤다.

"목표물 조준, 바로 제거한다!"

모든 로봇이 물리 군과 슈냥이를 향해 돌진했다. 화들짝 놀란 물리 군과 슈냥이는 헐레벌떡 줄행랑을 쳤다.

"이 사고뭉치 고양이 같으니라고! 너 이따 보자!"

"냐아옹!"

한참을 달아났지만 물리 군과 슈냥이는 로봇들에게 겹겹이 포위되고 말았다. 한 로봇이 앞으로 나섰다.

"멀리서 온 손님, 손님은 성실히 일하는 청소 로봇을 망가뜨렸습니다. 이것은 아주 무례한 행동입니다. 요즘 골머리를 앓고 있는 문제가 몇 개 있는데, 이 문제들을 해결해 준다면 우리는 친구가 될 수 있습니다. 하지만 문제에 답하지 못한다면 두 분은 영원히 이곳에 머물러야 합니다."

Q 마우스는 왜 유리에 대고 움직이면 잘 작동하지 않을까?

볼 마우스 바닥에는 동그란 볼이 하나 있어요. 마우스를 움직이면 이 볼도 같이 굴러다니면서 커서의 위치를 표시하지요. 마우스패드는 마찰력이 높고 평평해서 볼이 미끄러지지 않도록 잡아 주고, 마우스 커서가 정확한 위치를 잡을 수 있도록 도와줘요.

요즘에는 LED가 들어 있는 광마우스를 써요. LED 빛의 일부가 마우스 바닥이 닿아 있는 표면에 반사되면, 이 반사광이 마우스의 광학렌즈를 통과한 뒤 광유도 부품으로 전달됩니다. 광마우스가 움직이면 그 동선은 고속 촬영을 통해 연속사진으로 기록돼요. 마우스 내부에 있는 칩이 그 연속 사진에 표시된 특정 지점의 위치 변화를 분석하고, 마우스의 이동 방향과 거리를 판단해서 커서의 위치를 지정하는 거예요.

마우스패드는 평평해서 광마우스의 빛 감지 시스템이 마우스의 이동 방향과 거리를 쉽게 계산할 수 있도록 도와줍니다. 그리고 LED 빛이 유리와 같은 일부 특수한 재질의 표면에 반사되거나 굴절돼서 마우스의 빛 감지 시스템에 영향을 미치는 것을 막는 역할도 해요.

Q QR코드의 원리는 무엇일까?
계속 만들게 되면 QR코드가 부족해지진 않을까?

QR코드는 여러 문자부호를 연결한 문자열입니다. 문자열은 특정 코딩 규칙에 따라 컴퓨터가 식별할 수 있는 이진수로 변환돼요. 이때 이진수는 1을 뜻하는 검은색 사각형과 0을 뜻하는 흰색 사각형으로 이루어진 QR코드 그림으로 표현되지요. 모바일 장치로 이 QR코드를 스캔하면 코딩 규칙에 따라 저장된 문자열을 해독해서 작업을 실행하는 거예요. 모바일 애플리케이션으로 해독한 QR코드의 정보는 웹사이트의 링크 주소입니다. 휴대전화에 내장된 애플리케이션으로 스캔하면 그 QR코드에 저장된 문자열이 무엇인지 알 수 있답니다.

지금까지의 설명을 통해 QR코드는 사실 일련의 문자열이라는 것을 알 수 있어요. 만약 QR코드의 크기를 제한하지 않는다면, 다시 말해 QR코드 속 검은색과 흰색 사각형의 개수를 제한하지 않는다면 QR코드가 부족해질 일은 없을 거예요. QR코드의 모양이 다르다는 것은 저장된 내용이 다르다는 뜻입니다. 만약 한 줄에 사각형이 25개 배열된 QR코드를 모두 사용했다면 한 줄에 사각형이 26개 배열된 QR코드를 만들면 되겠지요. 이런 방식으로 담고자 하는 내용에 따라 QR코드를 무한정 만들 수 있어요. 만약 QR코드의 크기를 제한하면 검은색과 흰색 사각형의 배열도 한계가 있을 테니 이론상 QR코드를 더는 만들지 못하는 상황이 생기겠지요.

현재 가장 큰 QR코드 규격인 버전40은 177×177셀의 정사각형 그림이고, 코딩의 관점에서만 보면 최대 23,624비트의 데이터를 표시할 수 있어요. 지금 당장 QR코드가 부족할 일은 없을 거예요.

Q **휴대전화의 사생활 보호필름은 무슨 원리일까?**

휴대전화의 사생활 보호필름은 블라인드의 회절격자 구조와 비슷하다고 할 수 있습니다. 블라인드는 좁은 틈인 슬릿의 위치와 방향을 조절해 외부의 시선을 효과적으로 차단해요. 휴대전화의 사생활 보호필름은 블라인드와 달리 각도를 조절할 수 없죠. 특정 각도 범위의 빛만 화면을 통과할 수 있어요. 그 각도를 벗어난 빛은 차단되기 때문에 옆 사람이 몰래 보지 못하도록 막을 수 있는 거예요.

물론 사생활 보호필름이 빛을 일부만 통과시키기 때문에 휴대전화 화면은 필름을 씌우지 않았을 때만큼 밝지 않아요. 게다가 휴대전화의 주인조차도 항상 정면에서 화면을 보진 않잖아요. 사생활 보호필름에는 장단점이 분명하답니다.

Q 바람이 강하게 불면 와이파이 신호에 영향을 미칠까?

강풍은 와이파이 신호에 직접적인 영향을 미치진 않아요. 와이파이 신호는 일종의 전파(주로 통신에 사용되는 전자기파의 일종)고, 바람은 특정 부분의 공기 밀도가 높아져서 만들어진 것이거든요. 공기가 전파의 전달 속도에 미치는 영향력은 아주 미미해요. 무시해도 되는 수준이지요.

맥스웰 방정식에 따르면, 전파를 비롯한 모든 전자기파의 전달 속도(빛의 속도)는 매질의 유전율과 투자율에 달려 있다고 합니다. 진공 상태에서 빛의 속도는 현존하는 자연계 물질의 운동 중 가장 빨라요. 다만 진공과 공기의 유전율이 비슷하다 보니 일반적으로 진공과 공기에서 빛의 속도는 거의 차이가 없어요. 공기는 밀도가 달라져도 유전율에 변화가 생기지 않기 때문에 와이파이 신호는 영향을 받지 않는 것이지요.

하지만 진지한 과학 탐구 정신을 가졌다면 바람이 극단적으로 강하게 부는 상황에선 외부에 설치된 공유기나 공유기에 연결된 광역 통신망이 망가질 수 있다는 점을 지적해야 돼요. 와이파이 설비가 신호를 받는 데 문제가 생겨서 결과적으로 와이파이 신호에 영향을 미칠 수 있거든요.

비가 오거나 눈이 내리는 날에 데이터로 휴대전화 통신망에 접속하면 종종 인터넷 속도가 느려진 것을 느낄 수 있어요. 그런 날씨에는 공기 중에 가득한 물 분자가 기지국에서 보낸 전파를 흡수하거든요. 눈송이나 빗방울이 어느 정도 커지면 강한 산란을 일으키기도 해요. 정해진 방향으로 데이터를 전송하는 정확도가 떨어지니까 신호 전달에 문제가 생기겠지요. 이런 상황은 전파가 전달되는 데 큰 영향을 미칠 거예요.

Q 휴대전화 고속 충전은 어떤 원리일까?

전지는 수영장에 비교할 수 있습니다. 최대한 빠르게 배터리를 충전하려면 당연히 충전 효율을 높여야겠지요. 이것은 수영장에 물을 채우는 속도를 높이는 것이라고 할 수 있어요.

초기의 고속 충전 기술은 크게 '고전압 소전류' 방식과 '저전압 대전류' 방식으로 나뉘어요. 호스의 굵기가 고정된 상태에서 수영장에 물을 빠르게 채우고 싶다면 수압을 높일 수밖에 없어요. 더 강한 힘으로 더 빠르게 물을 밀어 넣는 것, 이것이 바로 고전압 소전류 방식이에요. 주사기를 힘껏 누른다고 상상해 보세요. 바늘 끝으로 뿜어져 나오는 물의 속도가 더 빨라지지 않겠어요? 반대로 수압이 고정된 상태라면 호스의 굵기를 키울 수밖에 없어요. 같은 시간에 더 많은 물을 채울 수 있지요. 이것이 저전압 대전류 방식이에요.

일부 휴대전화는 '수압을 높이는 방식'으로 배터리를 충전해요. 이런 고속 충전 방식은 한정적인 전류를 흘려보내는 충전 케이블의 한계를 뛰어넘지요. 다간 높아진 전압을 떨어뜨리는 작업이 휴대전화 내부에서 진행되기 때문에 휴대전화가 뜨거워진다는 부작용이 있어요.

'호스의 굵기를 키우는 방식'으로 충전하는 휴대전화도 있어요. 하지만 충전에 흔히 쓰이는 마이크로 USB는 대전류를 감당하지 못해요. 일부 제조업체는 대전류를 버틸 수 있는 충전 시스템을 적용해 케이블을 만들지요. 그러면 발열 부위가 휴대전화에서 충전기 헤드로 옮겨진다는 장점이 있지만 호환성이 떨어진다는 단점도 있어요.

기술이 나날이 발전하면서 전 세계 사람들은 전압도 높이고 전류도 크게 하는 '고전압 대전류' 방식을 고민하고, 각종 충전 방식을 통일하는 데 뜻을 모았어요. USB 표준화 기구는 대기업들이 만든 제품의 충전 방식을 기술적으로 호환시키고 20V, 5A의 고전압 대전류 방식을 지원하는 PD 3.0을 발표했답니다.

투명 케이스는 대부분 열가소성 폴리우레탄 탄성체라고 하는 TPU 소재로 만들어요. TPU는 외부 힘에 쉽게 구부러지는 '연질 세그먼트'와 단단한 결합을 지니고 있는 '경질 세그먼트'를 번갈아 엮어 만든 물질이에요. 이런 소재는 내구성이 좋고 물에 젖지 않으며 저온에 잘 견딘다는 장점이 있어요. 단점은 외부에 오래 방치하면 누렇게 변하고 기계적 성능이 떨어지는 등 빛에 의한 산화와 노화 현상이 생긴다는 것이지요.

TPU 소재는 왜 오래되면 누렇게 변할까요? 두 가지 이유가 있어요. 하나는 연질 세그먼트 부분에 불포화 결합을 포함하고 있는 경우예요. 제품에 남아 있는 불포화 결합은 공기, 온도, 햇빛 등의 영향을 받아서 점점 산화되고 노화되면서 노랗게 변해요. 두 번째 이유는 경질 세그먼트 부분에 포함된 벤진고리예요. 벤젠고리는 자외선에 취약해 빛이나 열을 받으면 점차 산화되면서 노랗게 변하거든요.

정리하자면 오래 쓸수록 누렇게 변하는 것은 TPU 소재의 특징이라고 할 수 있어요. 오늘날의 기술로는 누렇게 변하는 시기를 조금 늦출 수 있을 뿐이지요.

Q 왜 휴대전화에 신호가 없어도
112나 119와 같은 긴급전화는 연결이 될까?

휴대전화가 켜지면 우선 SIM카드가 있는지 확인한 뒤 가까운 통신사 기지국을 찾아 인증을 거칩니다. SIM카드가 없어도 휴대전화는 신호를 정상적으로 보낼 수는 있지만 기지국에서 인증 받을 수 없거든요. 쉽게 말해서 SIM카드는 통신사 기지국과 연결할 수 있는 '출입 카드'인 셈이지요.

보통 휴대전화가 신호를 잡지 못하는 것은 SIM카드에 맞는 기지국과 네트워크가 근처에 없다는 뜻이에요. 그렇다고 해서 휴대전화가 다른 통신사 기지국의 신호를 받을 수 없는 것은 아니에요. 112나 119와 같은 긴급전화는 우선순위가 아주 높아서 네트워크 인증이 필요 없기 때문에 근처 기지국에도 연결할 수 있답니다. 쉽게 말해서 기지국에 연결하는 것은 통신사와 상관이 없다는 것이지요. 예를 들어 근처에 SKT 기지국이 없고 KT나 LG의 기지국만 있을 때, SKT를 쓰는 휴대전화에 신호가 잡히지 않더라도 KT나 LG의 기지국과 연결해서 긴급전화를 걸 수 있는 거예요.

만약 두메산골이나 깊은 숲속에 있어서 근처에 기지국이 하나도 없다면 방금 말한 방법으로도 긴급전화는 연결되지 않겠지요. 그럴 때는 방법을 바꿔야 합니다. 예를 들면 위성 전화 같은 걸로요.

Q 휴대전화에 저장한 정보는 어떻게 삭제될까?

휴대전화에서 '삭제' 버튼을 누르면 저장돼 있던 사진이나 문서가 사라져요. 하지만 이것은 삭제된 것이 아니라 시스템에서 특수한 방법을 통해 해당 사진이나 문서를 필요 없는 것으로 분류해서 보이지 않는 것뿐이지요. 휴대전화에 저장된 사진이나 문서들을 한 건물에 있는 여러 집에 빗대어 생각했을 때, '삭제' 버튼을 누르는 것은 집문서나 건축허가서를 잃은 것에 해당해요. 휴대전화에서 삭제된 사진은 찾아도 보이지 않잖아요. 이것은 다시 말해 여러분이 살 집을 고르는데 시스템이 건축허가서 없는 집을 불법 건축물로 인식해서 보여 주지 않는 것이지요.

물론 집문서가 없어도 집이 존재한다는 사실은 변하지 않아요. 만약 누군가 여러분의 휴대전화를 주우면 어떤 수법을 통해 휴대전화를 살펴보거나 심지어 개인정보까지 훔쳐볼 거예요. 공장 초기화를 한다고 해도 안전하지 않은 것은 똑같죠. 초기화한 뒤에도 휴대전화는 관리자 권한을 얻는 루팅을 통해 사진이나 파일을 복구할 수 있거든요.

파일을 안전하게 삭제하려면 휴대전화를 공장 초기화한 다음 용량이 꽉 차도록 큰 파일을 받았다가 삭제하는 것을 여러 번 반복하면 됩니다. 이것은 불법 건축물에 건축허가서를 내주고 그 낡은 집을 허문 다음 다시 새로운 건물 올리기를 몇 번 반복하는 것과 같아요. 이렇게 하면 개인정보가 담긴 문서는 산산이 부서진 벽돌처럼 건축 부지에 묻혀서 다시는 복구할 수 없게 돼요.

Q 무선 충전기는 무슨 원리일까?

현재 시중에 나와 있는 무선 충전 방식은 보통 전자기유도, 자기공명, 전자기파 세 가지로 나뉘어요. 이 세 가지 무선 충전 방식의 원리를 간단히 소개할게요.

① 전자기유도 무선 충전

이 방법은 현재 휴대전화 등 소형 전자제품 업계에서 가장 흔히 쓰이는 무선 충전 기술입니다. 이 충전 시스템에는 두 개의 코일이 필요해요. 충전 받침대와 휴대전화 단자에는 각각 전기를 보내는 송전용 코일과 전기를 받는 수전용 코일이 내장되어 있어요. 이 두 코일이 가까워지면 송전용 코일에 흐르는 특정 진동수의 교류 전기가 주변 공간에 자기장을 만들고, 자기장이 수전용 코일을 통과하면 수전용 코일에 전류가 흐르게 돼요. 이렇게 자기장의 변화가 전류를 흐르게 하는 것을 전자기유도라고 합니다. 전자기유도를 통해 휴대전화의 수전용 코일에 전류가 흐르고 충전 받침대에서 나온 전기 에너지가 휴대전화 단자로 옮겨지는 거예요. 다만 전자기유도 충전 기술은 전송 거리가 몹시 짧다는 것이 가장 큰 단점이지요.

② 자기공명 무선 충전

자기공명 무선 충전의 원리는 공명 진동수를 이용해 에너지를 전달하는 것으로, 동시에 여러 전자제품을 충전할 수 있어요. 커다란 유도코일이 진동하는 자기장을 만들면 같은 공명 진동수를 가진 수신용 코일에 에너지를 전송할 수 있거든요. 자기공명 무선 충전은 전자기유도 방식에 비해 전송 거리가 훨씬 길어요. 송전용 코일과 수전용 코일이 동일한 공명 진동수를 가질 수 있도록 조절하는 것이 가장 중요합니다.

③ 전자기파 무선 충전

전자기파 무선 충전 방식의 원리는 수신부 장치가 송신부 장치에서 보낸 마이크로파(파장이 긴 전자기파의 한 종류) 에너지를 받아서 안정된 전류로 변환하는 방식으로 전기를 얻는 거예요. 이 방식은 세 가지 무선 충전 기술 중 전송 거리가 가장 멀지만 효율이 굉장히 떨어져요. 사람에게 해를 끼치지 않으면서 전송 거리는 멀고, 출력까지 높은 무선 에너지를 보내는 것은 아직 불가능하답니다.

 **정보를 전달하는 전파는 벽을 통과할 수 있는데, 가시광선은 왜 벽을 통과할 수 없을까?**

전파와 우리가 보는 가시광선은 전자기파의 일종이지만 파장이 다릅니다. 전파는 가시광선에 비해 파장이 훨씬 길죠. 전파가 벽을 통과한다는 말은 대부분 실제로 벽을 뚫고 지나가는 것이 아니라 회절 현상이 생기는 것을 뜻해요. 다시 말해서 전파는 장애물이 있으면 가장자리로 돌아서 퍼져나가거나 벽에 여러 차례 반사돼서 벽을 통과하는 효과를 내요. 가시광선에서는 회절 현상이 잘 나타나지 않죠.

모든 전자기파는 벽으로 들어가면 재료에 흡수돼서 침투 손실이 생깁니다. 이것은 전파든 가시광선이든 똑같죠. 침투 손실은 전자기파의 진동수, 재료의 특성, 규격과 관련이 있어요. 전파는 파장이 길고 진동수가 짧아요. 따라서 어떤 물질을 통과해도 물질을 이루는 원자 내부의 전자가 에너지 준위가 높아

무선전파는 회절해서 돌아갈 수 있어요.

지며, 에너지를 흡수하는 일이 일어나지 않죠. 그래서 전파는 재료에 거의 흡수되지 않는 거예요.

가시광선의 광자와 전자의 에너지 준위가 가지는 에너지 차이는 수치상 비슷해서 전자가 가시광선을 흡수해 에너지 준위가 높아지는 현상이 흔하게 일어나요. 가시광선 진동수 영역의 전자기파는 꽤 많은 양이 재료에 흡수되기 때문에 가시광선은 벽을 통과할 수 없는 거예요.

Q 왜 노이즈 캔슬링 이어폰을 쓰면 불편한 느낌이 들까? 노이즈 캔슬링 이어폰이 청력을 떨어뜨리거나 건강에 나쁜 영향을 끼칠까?

외부 소음을 제거하는 노이즈 캔슬링 이어폰은 우선 마이크를 사용해 외부의 소음을 수집하고 수집된 음파의 위상을 180도 반전시켜요. 그다음 이어폰 속 스피커를 통해 반전된 음파를 귓속으로 전달합니다. 이때 이어폰이 만들어 낸 음파와 외부 소음의 위상이 반대이기 때문에 소리가 사라지는 상쇄간섭이 일어나요. 이어폰을 끼지 않았으면 들었을 외부 소음이 상쇄되기 때문에 잡음이 들리지 않는 거예요. 오른쪽은 노이즈 캔슬링 이어폰의 원리를 나타낸 그림입니다.

노이즈 캔슬링 이어폰을 쓸 때 귀에 압력이 느껴지는 것은 이어폰의 모양 때문일 거예요. 효과적으로 소음을 줄이기 위해 이어폰은 귓구멍에 꼭 끼도록 설계되거든요. 이렇게 해야 고막이 공기의 진동을 더 확실하게 느낄 수 있다 보니 불편한 느낌이 드는 것은 어쩔 수 없답니다. 이런 압박감은 귓구멍을 빈틈없이 막는 커널형 이어폰을 쓸 때도 종종 느낄 수 있어요.

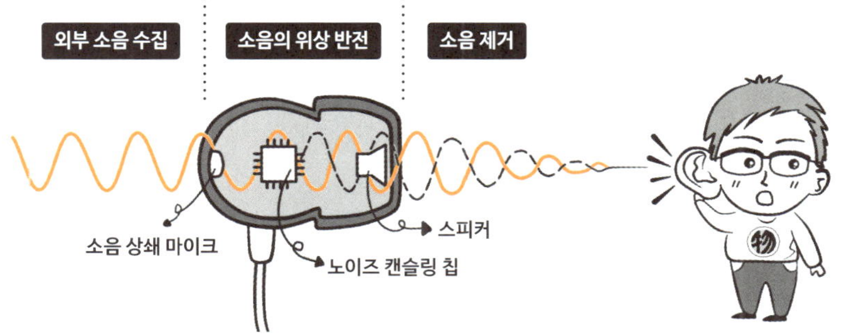

노이즈 캔슬링 이어폰에 뚜렷한 결함이나 연결 지연이 없다면 귀를 어느 정도 보호할 수 있어요. 하지만 이어폰이 음파의 위상을 반전시키지 못해 소음이 상쇄되지 않으면 외부 소음과 이어폰으로 들어야 할 소리가 겹쳐 귀에 더욱 무리가 가겠지요.

노이즈 캔슬링 기능이 좋다고 해도 이어폰을 너무 오랫동안 끼지 않았으면 해요. 우리 주변엔 귀 기울여 들을 만큼 아름다운 소리가 많으니까요.

**Q 충전식 카드나 출입카드와 같은 IC 카드는 무슨 원리일까?
IC 카드는 복제할 수 없을까?**

IC카드의 핵심인 칩은 한 줄짜리 코일과 연결돼 있어요. 이 구조를 관찰하려면 휴대전화 플래시 기능을 켜서 카드에 바짝 붙여 보세요. 플래시에 비친 그림자로 구조를 확인할 수 있을 거예요. 조심스럽게 칩과 코일을 뜯어낸다면 더 정확히 볼 수 있겠지요. 카드를 분해하는 방법은 인터넷에 많이 나와 있어요.

IC카드와 카드리더기가 통신하는 원리는 두 코일의 상호유도에 기초합니다. IC카드를 카드리더기에 가까이 가져가면 카드리더기의 코일이 내보낸 신호가 유도전류를 만들어요. 이 유도전류는 결제해도 되냐는 질문의 신호이자 칩을 작동시키는 전원이지요. 칩에 전류가 흐르는 동시에 질문의 신호가 전달되고, IC카드의 답변 신호는 코일을 통해 다시 카드리더기로 전달돼요. 이렇게 똑똑한 통신 링크가 만들어지면 초단거리 통신이 완성되는 거예요.

통신 링크를 복제하는 것 자체는 별로 어렵지 않아요. IC카드 칩의 모델 번호만 알면 인터넷에서 살 수 있거든요. 코일도 전선을 구해서 감으면 되고요. 어려운 점은 암호화된 통신 데이터를 해독하는 것입니다. 암호의 정보량이 데이터의 정보량보다 크면 이론상 카드리더기와 IC카드가 어떤 정보를 주고받는지 알 수 없어요.

Q 서점에서 쓰는 도난 방지 칩은 무슨 원리일까?

그 칩은 도서용 도난 방지 마그네틱 라벨로 '감응 테이프'라고도 합니다. 주재료는 철, 코발트, 니켈과 같이 외부 자기장에 강하게 자기화되는 물질인 '강자성' 금속 물질이에요. 이러한 금속 재료를 고온에서 녹인 뒤 압출하여 다시 긴 고체로 만든 것이 바로 마그네틱 라벨입니다.

액체가 된 재료가 다시 고체로 바뀌는 과정은 정말 짧은 시간 안에 이루어져요. 성분 배합과 제작 공정이 정확했다면 이 물질은 외부에서 자기장을 가할 때 굉장히 강하게 자기화(magnetization)될 거예요. 다음의 그림은 강자성 물질이 외부 자기장에 따라 자기화되는 정도를 나타낸 자기이력곡선입니다.

도서 도난 방지 시스템의 기본 원리는 자기화된 마그네틱 라벨이 안테나의 자기장을 교란하는지 검사하여 경보를 울리는 것입니다. 잘 이해되지 않나요? 더 자세히 설명해 볼게요. 강자성체로 이루어진 마그네틱 라벨은 외부 자기장에 의해 쉽게 자기화되거나 자기화되지 않은 상태로 되돌릴 수 있습니다. 정상적으로 구입하거나 대출한 책은 마그네틱 라벨을 제거하거나 장비를 통해 자기화되지 않은 상태로 되돌려요. 반면 정상적으로 구입하거나 대출하지 않은 책은 마그네틱 라벨이 자기화된 상태를 유지하고 있죠.

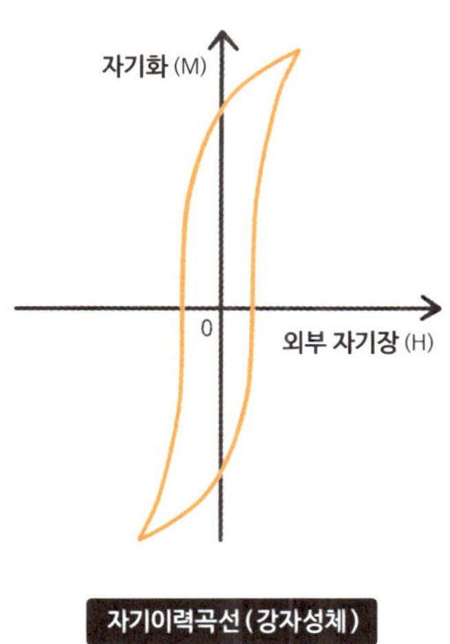

자기이력곡선 (강자성체)

도난 방지 장치의 송신용 안테나는 특정 진동수의 교류 전류를 흘려 변화하는 자기장을 만들어요. 그러면 수신용 안테나에 자기장이 통과하며 송신용 안테나에 흐르는 전류와 같은 진동수의 전류가 수신용 안테나에 유도됩니다. 자기화되지 않은 상태의 마그네틱 라벨은 송신용 안테나의 자기장을 거의 교란하지 않아요. 반면 자기화된 마그네틱 라벨은 송신 안테나가 만든 자기장을 약간 교란하죠. 그러면 수신 안테나에 유도되는 전류의 진동수가 약간 변하게 되고, 이러한 변화를 인식한 다음 일련의 처리 과정을 거쳐 경고음을 내는 거예요.

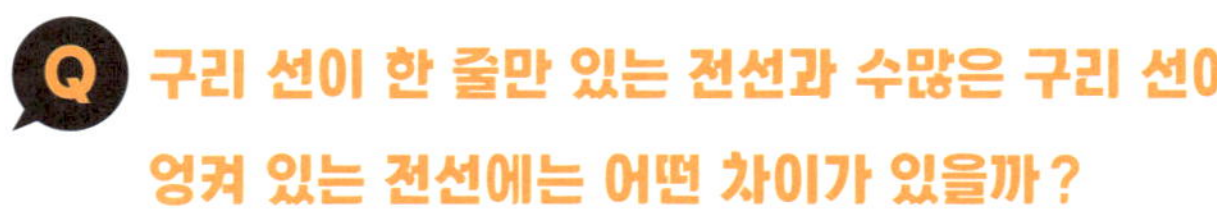

굵은 구리 선이 한 줄만 있는 것을 단심 케이블, 얇은 구리 선이 여러 줄 있는 것을 '다심 케이블'이라고 합니다. 단심 케이블은 강도가 높고 아주 질겨서 쉽게 끊어지지 않기 때문에 장거리 배선에 적합해요. 하지만 단단하다 보니 쉽게 구부러지지 않죠. 실내에서 사용하는 전선은 이리저리 돌고 돌아야 하잖아요. 상대적으로 부드러운 다심 케이블이 구불구불한 배선에 쓰기 좋아요.

교류 전류가 흐를 때 전류는 전선의 모든 면에 골고루 흐르지 않아요. 전선의 표면에서 멀어질수록 전류의 밀도는 빠르게 낮아지고, 표피 효과에 따라 전류가 전선 표면에 몰려서 전선의 전기저항이 높아지거든요. 왕복 8차로와 같은 큰 도로를 예로 들어 볼게요. 표피 효과는 대부분 차를 양쪽 끝의 두 차선, 즉 4개의 차로만 이용하도록 밖으로 몰아내는 것과 같아요. 그럼 가운데 4개의 차로는 텅텅 비어서 도로 이용률이 크게 떨어지니까 차가 막히기 쉽겠지요.

여기서 차가 막히는 것은 전기저항이 높아지는 것을 뜻해요. 높은 진동수의 교류 전류가 흐를 때 단심 케이블은 표피 효과로 인해 중심부의 전류 밀도가 낮아서 낭비되는 공간이 생기지만, 다심 케이블은 각각의 구리 선이 모두 얇기 때문에 낭비되는 공간이 상대적으로 적어요. 높은 진동수의 전류를 수송하는 리드선은 보통 여러 개의 구리 선을 엮은 다심 케이블로 만들어요. 그 이유 중 하나는 표피 효과로 생기는 문제를 줄이기 위해서랍니다.

Q 건전지는 충전할 수 있을까?

우리가 가장 흔히 쓰는 건전지는 아연-망가니즈(망간) 건전지예요. 아연-망가니즈 건전지는 방전될 때 내부에서 아래와 같은 반응이 일어납니다.

$$양극 : 2MnO_2 + 2H_2O + 2e^- \rightarrow 2MnOOH + 2OH^-$$
$$음극 : Zn - 2e^- 2OH^- \rightarrow ZnO + H_2O$$
$$전체\ 반응 : Zn + 2MnO_2 + H_2O \rightarrow 2MnOOH + ZnO$$

건전지가 방전될 때 나타나는 반응을 알면 건전지 충전이 가능하냐는 질문에 대답할 수 있습니다. 간단히 말해서 건전지를 충전하려면 건전지가 방전될 때 나타나는 반응을 반대로 진행하면 돼요. 하지만 아연-망가니즈 건전지는 방전될 때 나타나는 반응을 온전히 반대로 진행할 수 없어요. 전해수가 생기는 등 부작용이 생기거든요. 또 내부 압력이 너무 높아져서 건전지가 망가질 거예요. 약한 전류를 이용해 아연-망가니즈 건전지를 충전하려고 시도해 본 친구들도 있겠지요? 웬만하면 시도하지 마세요. 사고 날 가능성이 있거든요.

Q 크로마키로 CG 작업을 할 때, 파란색이나 초록색 배경을 쓸까?

크로마키(Chroma-Key)는 두 개의 영상을 합성하는 기술을 말해요. A와 B 두 개의 영상이 있으면, B 영상으로부터 '좁은 범위의 색'을 제거하거나 투명하게 만들어서 A 영상이 비치게 할 수 있어요. 보통 기상 예보 방송에서 많이 쓰이는데, 예보자가 큰 지도 앞에 서 있는 것 같지만 실제로는 파란색이나 초록색 배경의 스튜디오 안에 있는 거랍니다.

크로마키를 활용할 때 파란색과 초록색만 사용할 수 있는 것은 아닙니다. 영상 믹서 기기나 영상 편집 소프트웨어를 사용하여 직접 색을 고를 수 있어요. 한국에서는 보통 파란색을 사용하는데, 이때 파란색이 아닌 다른 옷을 입은 채 동작을 취할 수 있습니다. 그러면 파란색이 투명해지면서 배경과 합성되죠.

서양에서는 초록색을 자주 사용하는데 그 이유는 서양 사람들의 눈이 파란색인 경우가 많기 때문 블루스크린을 사용하면 파란색의 눈이 투명하게 바뀔 수 있거든요. 크로마키는 단색 배경을 써야 합니다. 색의 순도가 높고 배경에 다른 색이 섞이지 않을수록 좋아요.

이 현상을 보통 하울링 혹은 피드백이라고 합니다. 노래방이나 실내는 소리 환경이 복잡한 편이에요. 전문적인 조정을 거치지 않고 곧장 음향 장비의 전원을 켜면 소리가 깔끔하게 들리지 않는데다 소리가 반복적으로 되울려서 하울링 현상이 생겨요. 하울링 때문에 음향 시스템이 고장 나거나 작동이 멈추기도 하지요.

마이크가 수집한 음파는 믹서나 앰프 등을 거쳐 증폭된 다음 스피커를 통해 내보내집니다. 이렇게 내보내진 음파는 불규칙하게 여러 번 반사되다가 일부분이 다시 마이크에 흘러 들어가요. 마이크에 들어간 음파는 또다시 음향 설비들을 지나 스피커를 통해 내보내지는 피드백을 일으킵니다. 그중 강하게 반사되는 특정 진동수의 음파는 마이크와 스피커를 아주 활발하게 순환해서 음향 피드백을 일으킵니다. 그렇게 특정 진동수의 음파가 여러 차례 증폭되기를 반복하다가 결국 하울링 현상이 나타나는 것이지요. 마이크를 음향 장비에 가까이 대면 이 현상은 더 확실하게 나타나요.

음향 피드백이 발생하는 원인에는 여러 가지가 있습니다. 첫째로 스피커 상태가 떨어지는 경우예요. 음향 설계가 잘못되면 소리의 반향만으로 음원이 증폭되는 현상 등의 문제가 생길 수 있어요. 그러면 특정 진동수의 소리가 유난히 높아지겠지요. 두 번째는 스피커의 위치가 맞지 않는 경우예요. 마이크를 든 가수가 음향 장비에서 음파가 방출되는 쪽을 직접적으로 마주하고 있으면 음향 장비가 내보낸 음파가 도로 마이크로 들어가서 순환이 활발해지고 음향 피드백이 생기겠지요.

그 밖에 마이크가 너무 예민하거나, 방향에 따라 음파의 세기가 달라지는 등 음향 장비를 잘못 선택하거나, 설비를 제대로 조율하지 않았거나, 음향 장비의 수명이 거의 다 돼서 사소한 간섭에도 음파가 증폭되는 자발진동이 생겨도 음향 피드백이 생길 수 있어요.

Q 컴퓨터 바탕화면이 흰색일 때보다 검은색일 때 전기를 더 절약할 수 있을까?

이 문제는 정답이 하나가 아니에요. 컴퓨터 모니터가 어떤 유형이냐에 따라 다르거든요. 우리가 쓰는 컴퓨터 모니터는 대부분 액정(LCD) 모니터예요. 액정 모니터의 화면은 자체적으로 빛을 내지 않고 액정 패널과 백라이트가 화면의 빛을 만들어요. 모니터를 끄지만 않으면 백라이트는 계속 빛을 내고 있고, 액정 모듈이 어떤 빛을 통과시킬지를 결정합니다. 액정 모듈의 액정 분자는 특정 방향으로 진동하는 빛만 통과시키는데, 이때 빛이 통과한 픽셀에만 불이 들어오는 것이지요.

가장 흔히 쓰는 액정 모니터 기술은 세 가지입니다. 액정 배열이 수직으로 꼬인 TN(Twisted Nematic) 패널, 액정 배열이 수평 상태에서 회전하는 IPS(In-Plane Switching) 패널, 액정 배열이 수직이었다가 기울어지는 VA(Vertical Alignment) 패널이지요.

세 기술을 구분하는 방법은 아주 쉬워요. TN 패널은 시야각이 좁기 때문에 측면에서 보면 색이 왜곡되는 반면 VA 패널과 IPS 패널은 시야각이 넓고 색도 훨씬 균일해요. TN 패널의 액정 분자는 전압이 들어오기 전까지 나선형으로 꼬여 있어서 빛을 통과시키고 화면의 픽셀에 불이 들어옵니다. 그러다 전압이 들어오면 액정 분자가 일직선으로 세워지면서 대응하는 픽셀의 빛이 차단되고 화면에 어둡게 표시되지요. 그래서 TN 패널로 만든 모니터를 쓰고 있다면 바탕화면이 흰색일 때보다 검은색일 때 전기가 더 많이 들어요. VA 패널과 IPS 패널은 반대예요. 두 패널의 액정 분자는 기본적으로 전기가 통하지 않으면 백라이트의 빛을 통과시키지 않아서 화면이 검게 보이거든요. 그래서 바탕화면이 검은색일 때 전기를 더 절약할 수 있어요.

Q 빔프로젝터를 오래 사용하면 흰 벽이 까맣게 그을릴까?

사무실이나 집에서 사용하는 빔프로젝터의 램프는 대부분 전력이 200W 남짓해요. 200W 램프의 빛을 $2m^2$의 하얀 벽 위로 고르게 쏘면 벽이 단위 면적당 받는 복사에너지인 복사조도는 100W/m^{2}가 됩니다. 맑은 날 바다 표면의 최대 복사조도가 1,000W/m^{2}인 것에 비하면 벽 표면의 복사조도는 겨우 1/10밖에 되지 않죠. 햇빛으로 흰 벽을 까맣게 태울 수 없으니 빔프로젝터 때문에 벽이 까맣게 그을릴 일은 없을 거예요.

다만 일상에서 빛으로 물체 표면의 색을 변하게 만드는 사례가 있습니다. 긍장에서 흔히 쓰이는 레이저 마킹 기계가 그 예죠. 한 면이 밀리미터 단위인 작은 공간에 수십 와트의 레이저를 집중적으로 쏘면 발열 반응이 일어납니다. 금속, 플라스틱, 에나멜 등의 물체 표면에 원하는 무늬를 새기거나 화학 반응을 유도해 색을 입힐 수 있어요.

텔레비전 화면은 아주 작은 색 조각이 모인 것이고, 그 화면을 인식하는 사람의 눈도 아주 작은 세포들이 모인 것인데, 왜 무아레 무늬가 보이지 않을까?

디지털카메라나 휴대전화로 컴퓨터 모니터나 텔레비전을 찍으면 화면에 담긴 내용이 무엇인지 알아볼 수 없도록 방해하는 이상한 물결무늬를 종종 볼 수 있어요. 이것을 무아레 무늬라고 합니다. 무아레 무늬는 주기적인 패턴을 지닌 두 그림이 겹칠 때 나타나며, 두 그림의 주기가 비슷하면 색이 어두워지거나 밝아지는 등의 변화가 생겨요. 진동수가 비슷한 두 파동이 서로 영향을 미쳐 진동수 폭이 일정한 주기로 변하는 '맥놀이 현상'과 같은 원리죠.

컴퓨터와 텔레비전의 화면은 아주 작고 수없이 많은 픽셀이 모여서 이루어진 그림이에요. 화면의 최소 단위인 픽셀은 주기성을 가지고 규칙적으로 배열되어 있어요. 디지털카메라의 감광 칩도 빛을 감지하는 유닛들이 규칙적으로 배열된 구조고요. 이때 화면의 픽셀이 카메라 속에 맺어진 상의 주기, 감광 유닛의 주기와 비슷해지면 무아레 현상이 나타나는 거예요.

사람의 망막에도 빛을 감지할 수 있는 세포들이 배열되어 있어요. 그중 색을 감지하는 원추세포는 400만 개가 안 되니까 사진 전문가들이 쓰는 고화소 카메라보다 성능이 떨어지죠. 그런데 사람의 눈으로 화면을 볼 때는 왜 무아레 현상이 나타나지 않는 걸까요?

첫 번째 이유는 시세포는 배열이 규칙적이지 않고 뚜렷한 주기성이 없기 때문이에요. 원추세포는 대부분 황반에 몰려 있고, 다른 곳에는 거의 없거든요. 뚜렷한 주기성이 없다는 것은 일정한 주기성이 있는 화면과 맥놀이 현상을 일으킬 수 없다는 뜻이에요. 그래서 사람의 눈으로는 무아레 현상을 볼 수 없지요.

두 번째 이유는 사람이 감지한 시각 신호는 대뇌를 거친 결과물이라 단순히 시세포 신호들이 겹친 것과 다르기 때문이에요. 어떤 사물을 볼 때 사람의 눈은 고정되어 있지 않아요. 대신 사물을 가장 또렷이 볼 수 있는 시야 중심부가 사물에서 최대한 넓은 면적을 덮을 수 있도록 끊임없이 각도를 조정하지요. 그다음 대뇌가 여러 각도에서 본 화면을 이어 붙이고 걸러 내는 과정을 거쳐 시각 신호를 만들면 사물을 볼 수 있어요. 이 과정에서 어떤 신호는 강해지고 어떤 신호는 약해지다가 급기야 생략되기도 해요. 광학적인 원본 장면과 완벽하게 일치하지는 않아요.

좀 쉬었다가
얘기하면
안 될까?
비행기 창문은
왜 타원형일까?
비행기가
어떻게 방향을
돌리는지 알아?

미션 완료!
다음 단계로 출발!

로봇은 물리 군이 훌륭한 답변을 내놓을 때마다 정답을 외쳤다. 길에 서 있는 로봇들의 경계심 어린 눈빛도 어느새 완전히 사라진 것 같았다. 대답을 마친 물리 군이 슈냥이를 품에 안은 채 이만 가도 되냐고 물었다. 슈냥이가 또 수습할 수 없는 대형 사고를 칠까 봐 걱정되었다.

"여러분."

자신을 부르는 로봇의 호칭이 달라지자 물리 군은 긴장했던 마음이 서서히 풀리는 것을 느꼈다. 로봇이 자기 얼굴을 가리키며 말했다.

"여기 스크린에 대해 궁금한 것이 몇 가지 더 있습니다."

"물어보세요! 사실 저도 물어볼 것이 있는데, 물리대학교를 가는 방법이 어떻게 설계되어 있는지 궁금했거든요!"

"설계된 내용에 따르면 광학 기술단지를 거쳐 가는 것이 가장 빠릅니다. 우리 디지털 단지에서 두 분을 광학 기술단지까지 바래다 줄 비행기를 준비해 드리겠습니다."

빛에서 만난 물리

다섯 번째 미션 시작!

비행기가 무사히 착륙했다. 물리 군과 슈냥이는 우선 허기진 배를 든든히 채운 뒤 뉴턴 광학 기술단지로 향했다.

광학 기술단지는 길 양옆으로 광전기 제품과 관련된 상점들이 쭉 늘어서 있었다. 가장 먼저 눈에 띈 것은 조명 장식을 파는 상점이었다. 외벽을 메운 조명들이 눈부시도록 번쩍이는 광경은 물리 군과 슈냥이의 시선을 사로잡았다. 호기심이 많은 슈냥이는 재빠르게 단지 안으로 뛰어 들어가 이곳저곳 누비고 다녔다. 그곳은 조명의 세계이자 빛의 세계였다. 기능이 다양하고 만듦새가 정교한 조명들이 뿜어내는 오색찬란한 빛살 때문에 눈을 어디에 두어야 할지 몰랐다.

물리 군은 슈냥이와 함께 상가 단지를 하나둘 구경하다가 중심부에 있는 전시장을 발견했다. 전시장에서는 전구의 역사와 전구의 종류를 주제로 한 전시가 진행 중이었다. 백열등부터 형광등, LED까지 이어지는 전구의 '진화 역사'가 소개되어 있었다. 슈냥이는 궁금증을 참지 못하고 물리 군에게 질문을 던졌다.

"전구의 종류가 이렇게나 많다니! 여기 상점가에서 파는 전구만 해도 수백 가지는 되겠어. 진짜 예쁘다! 그런데 말이야, 전구가 빛을 내는 원리를 간단히 설명할 수 있어?"

"슈냥, 너 나를 너무 무시하는 거 아니야? 나 명색이 물리학 박사 과정생이라고!"

물리 군이 피식 웃으며 말을 이었다.

"전구가 빛을 내는 원리는 당연히 전자의 이동이지. 그런 문제는 나한테 식은 죽 먹기거든!"

그때, 전시 해설사가 물리 군과 슈냥이의 대화를 듣고 말을 걸었다.

"마침 저희 광학 기술단지에서 퀴즈를 맞히면 경품을 드리는 행사를 하고 있어요. 경품은 기상과학관으로 가는 고속열차 왕복 티켓이랍니다! 최근에 여기서 100km 정도 떨어진 곳에 기상과학관이 새로 문을 열었거든요. 똑똑하신 분들 같은데, 몇 문제 맞혀 보시겠어요?"

물리 군은 벽에 붙어 있는 문제들을 대강 훑어봤다. 모두 빛에 관련된 문제였다. 난이도가 제법 높은 문제도 몇 개 보였지만 전부 물리 군이 대답할 수 있는 수준이었다.

"제가 한번 풀어 볼게요."

물리 군이 자신만만하게 말했다.

"실력 발휘 좀 해볼까? 자, 백색광 LED에 대한 문제부터…."

'발광다이오드'라고도 하는 LED는 반도체 속 전자와 양공이 결합할 때 광자를 방출하는 원리를 이용해 전기 에너지를 빛 에너지로 전환시켜 주는 일종의 반도체 소자입니다. 한 개의 다이오드로 무지개 색이 고루 합쳐져 있는 햇빛과 같은 백색광을 만들 수는 없어요. 여러 색의 LED 칩을 함께 사용하거나 LED 칩을 형광체와 조합해서 백색광을 만들어야 하지요. 형광체는 LED 칩에서 나온 빛을 흡수한 뒤 흡수한 빛보다 더 낮은 에너지의 빛을 방출해 LED와는 다른 색을 낼 수 있어요.

첫 번째 방식은 파란색 LED 칩과 노란색 형광체를 사용하는 방법입니다. 노란색 형광체는 파란색 LED 빛을 일부 흡수한 뒤 노란색으로 방출하고 결과적으로는 파란빛과 노란빛이 합쳐져 백색광이 만들어집니다. 이 기술은 굉장히 발전했고 이미 널리 쓰이고 있지만, 이 방식으로 합성된 빛은 빨간색이 부족하고 색온도가 높아서 완벽한 흰색은 아니에요.

두 번째로 자외선 LED 칩과 삼원색 형광체를 같이 사용해 백색광을 만들 수도 있어요. 이 방법은 빨간색이 부족하다는 단점을 해결할 수 있는 반면, 기술이 복잡하고 서로 다른 색의 형광체가 서로의 빛을 흡수하는 현상이 나타난다는 한계점이 있지요. 그 밖에 삼원색을 내는 LED 칩을 조합해 백색광을 합성하는 방법도 있습니다. 원가가 높고 회로를 통제하는 것이 복잡하다는 단점이 있어요.

이 방법들은 저마다 장단점이 있다 보니 과학자들은 백색광을 만드는 새로운 LED 기술을 연구하고 있어요. 예를 들면 칩의 구조를 바꾼다거나 다양한 색의 빛을 방출할 수 있는 특수한 형광 물질을 활용하는 여러 시도가 진행되고 있답니다.

사진을 찍으면 물체가 방출하거나 반사한 빛이 카메라의 필름이나 광센서로 들어가 상이 맺힙니다. 사진이 선명하게 나오려면 피사체의 각 부분에서 반사된 빛이 겹치지 않고 필름이나 광센서의 각 지점에 도달해야 해요. 예를 들어 휴대전화로 연인의 얼굴 사진을 찍었다면 왼쪽 눈이 반사한 모든 빛은 광센서의 동일한 픽셀 영역에 도달해야 하고, 코에서 반사한 모든 빛은 광센서의 또 다른 픽셀 영역에 도달해야 하는 것이지요. 만약 얼굴의 다른 부분에서 반사한 빛이 광센서의 같은 픽셀에 떨어진다면, 혹은 얼굴의 같은 부분에서 반사한 빛이 광센서의 다른 픽셀에 떨어진다면, 얼굴의 각 부분이 뒤섞여서 구분할 수 없는 흐릿한 사진이 나오게 돼요.

손으로 문을 빠르게 닫고 있는 사람의 사진을 찍는다고 가정해 볼게요. 카메라 렌즈는 피사체에서 반사된 빛을 광센서의 특정 지점으로 굴절시킵니다. 하지만 손이 움직이고 있기 때문에 새로운 위치로 옮겨 간 손에서 반사된 빛은 처음과 다른 지점에 도달하겠지요. 손이 여러 지점으로 옮겨 가면서 반사된 각각의 빛이 저마다 다른 지점의 광센서 픽셀에 상을 맺게 돼요. 그래서 촬영한 사진을 보면 손이 흐릿하게 보이는 거예요.

사람의 눈으로 물체를 볼 때 입체적으로 보이는 것은 두 눈의 위치가 달라서 두 개의 시각이 생기기 때문입니다. 서로 다른 두 개의 시각으로 담은 두 장면이 대뇌의 '상상'을 거쳐 입체감을 만드는 것이지요. 3D 영화는 이런 사람의 눈에 착안해 만들었어요. 두 대의 카메라를 다른 위치에 놓고 동시에 촬영한 다음 두 대의 카메라에서 찍은 장면을 동시에 보여 주는 거예요. 이때 3D 전용 안경을 쓰지 않으면 장면이 겹쳐 보이는데, 이것은 두 카메라에서 촬영한 장면에 약간의 시차가 있기 때문이지요. 3D 안경을 쓰면 왼쪽 눈이 왼쪽 카메라로 촬영한 장면만 보고 오른쪽 눈이 오른쪽 카메라로 촬영한 장면만 볼 수 있어서 최종 영상이 입체적으로 보이는 거예요.

3D 안경의 종류에는 적청 안경, 편광 안경, 액정셔터(영상 정보에 맞춰 좌우 시각 정보를 번갈아 차단하는 것) 안경 등 몇 가지가 있습니다. 그중 가장 먼저 개발된 것은 적청 안경이에요. 적청 안경으로 보는 3D 영화는 촬영한 두 개의 화면이 각각 붉은색과 파란색으로 되어 있어요. 적청 안경에서 붉은색 렌즈는 모든 파란색을 걸러내고 파란색 렌즈는 모든 붉은색을 걸러내죠. 결과적으로 두 눈이 각각 하나의 카메라로 찍은 장면만 볼 수 있어 3D 효과가 나는 거랍니다. 하지만 적청 안경은 색이 왜곡돼서 영상미가 떨어진다는 단점이 있어요.

특정 방향으로 진동하는 빛을 차단해 주는 편광 필터를 부착한 편광 안경은 우선 두 개의 영사기가 진동 방향이 서로 수직을 이루는 서로 다른 두 편광 방향의 빛으로 스크린에 영상을 띄워요. 그 영상을 편광 안경을 쓰고 보면, 왼쪽과 오른쪽 눈이 각각 한 대의 영사기에서 보여 주는 영상만 볼 수 있기 때문에 3D 효과가 나는 것이지요.

마지막으로 잔상의 원리를 이용해 만든 액정셔터 안경이 있습니다. 우선 두 개의 영사기가 아주 빠른 속도로 한 장면씩 번갈아 가며 영상을 띄워요. 액정셔터 안경은 그와 같은 속도로 반응하면서 왼쪽 눈에는 왼쪽 영사기의 화면만 보여 주고 오른쪽 눈에는 오른쪽 영사기의 화면만 보여 주죠. 앞서 소개한 세 가지 3D 안경 중 액정셔터 안경이 만들어 내는 3D 입체감이 단연 최고랍니다.

 **유리창을 통과한 햇볕에 화상을 입을 수 있을까?**

사람들은 유리를 처음 발명했을 때 투광성이 좋다는 성질에 집중했어요. 유리가 가시광선을 대부분 투과시키기 때문에 유리 뒤에 있는 물체도 쉽게 볼 수 있죠. 피부에 주로 화상을 입히는 자외선도 유리를 통과할 수 있을까요? 자외선은 비교적 낮은 진동수와 긴 파장을 가지는 UV-A(320~400nm), 진동수와 파장이 중간 수준인 UV-B(275~320nm), 높은 진동수와 짧은 파장을 가지는 UV-C(200~275nm)로 나뉩니다.

UV-C는 대부분 오존층에 흡수되기 때문에 사실상 사람의 피부에 도달하지 않아요. UV-B는 화상을 입힐 수 있지만 대부분 유리를 통과하지 못하고 흡수되지요. 마지막으로 UV-A는 유리 투과율이 약 75%로 상당히 높기 때문에 유리를 통과한 일부 UV-A 자외선이 피부에 화상을 입힐 가능성이 있어요.

물론 특수한 코팅을 입히거나 일련의 처리를 거쳐 UV-A도 대부분 흡수하는 유리를 만들 수 있습니다. 예를 들면 자동차의 앞 유리와 일상에서 흔히 쓰는 선글라스처럼요. 이런 유리는 UV-A의 위험성을 어느 정도 줄여 준답니다.

결론을 정리해 볼게요. 일반적으로 유리는 피부가 화상을 입지 않도록 어느 정도 자외선을 흡수하지만 완벽하게 막아 내지는 못합니다. 유리에 자외선을 차단하는 코팅을 입혀야만 화상의 위험으로부터 피부를 지킬 수 있어요.

햇빛을 쐬었을 때 색이 바래는 현상은 복잡한 물리적·화학적 변화의 과정이에요. 일상에서 흔히 볼 수 있는 방직물은 상대적으로 색이 쉽게 바래지만, 나무는 아무리 오랜 시간 햇빛을 쐬어도 색이 바래거나 달라지는 일이 없죠.

방직물이 햇빛에 색이 바래는 현상은 방직물의 염색 공정, 햇빛을 받은 염료의 화학적 안정성, 방직물의 물리적 성질, 환경 조건과 관련이 있습니다. 성분을 분해하고 표면의 색이 바래게 만드는 빛의 파장은 염료마다 달라요. 색이 바래는 것을 완전히 피할 수는 없지만 염색을 비롯한 일부 제작 공정을 개선하거나 산성도, 물 함유량을 조절하는 등 방직물 섬유의 물리·화학적 성질을 변화시키면 조금 나아질 수 있어요. 그 밖에 빛에 대한 내구성을 높이는 약품을 쓰는 방법도 있고요.

염색된 목재가 햇빛에 색이 바래는 경우가 종종 있기는 합니다. 이것은 염료에 화학적 변화가 일어났기 때문일 수도 있고, 목재가 가진 성분의 화학 구조에 뚜렷한 변화가 생겼기 때문일 수도 있어요. 물론 염색하지 않은 목재도 색이 바랠 수는 있지요. 목재가 빛을 받으면 표면의 조직 구조가 달라지는 복잡한 광화학 반응이 일어납니다. 화학적 변색의 일종인 이 현상은 흡수된 빛으로 인한 산화와 관련이 있어요.

예를 들어 리그닌이란 성분은 빛을 받으면 일련의 반응을 거쳐 페녹시라디칼을 만들고, 시간이 더 지나면 퀴논을 만들어요. 바로 이 퀴논으로 인해 색을 변화시키는 물질이 나타나는 거예요. 리그닌이 아니더라도 리그닌과 비슷한 구조를 가진 추출물의 비슷한 반응을 통해 색이 바래요.

정리하자면, 어떤 물질이 오랜 시간 햇빛을 받았을 때 색이 누레지거나 바래는 현상은 보통 그 물질의 화학 성분이나 물리·화학적 성질이 바뀌었는가에 달려 있습니다. 물질의 종류나 제작 공정도 영향을 미쳐요.

Q 야광 팔찌의 발광 원리는 무엇일까?

야광 팔찌를 해 본 친구들은 잘 알 거예요. 야광 팔찌는 처음에는 빛을 내지 않는 꼿꼿한 막대기지만 몇 번 구부리면 안에 들어 있는 고체 물질이 으스러지면서 빛을 냅니다. 야광 팔찌의 플라스틱 껍질 속에 들어 있는 고체는 사실 가운데가 텅 빈 일종의 유리관이에요. 유리관 안에는 과산화수소가 담겨 있고, 유리관 밖에는 다이페닐옥살레이트와 같은 에스테르 화합물과 형광 둘질이 발라져 있지요.

야광 팔찌를 구부려서 유리관을 부서뜨리면 과산화수소와 에스테르 화합물이 만나 반응하면서 에너지가 방출됩니다. 이때 방출된 에너지의 일부가 형광 염료에 흡수돼요. 에너지를 흡수해서 들뜬상태가 된 형광 염료는 다시 바닥 상태로 떨어지면서 빛을 내뿜는 것이지요. 야광 팔찌의 색깔은 형광 염료의 구조와 관련이 있어요.

Q 그림자의 가장자리는 왜 흐릿하게 보일까?

흐릿하게 보이는 그림자의 가장자리를 '반그림자'라고 합니다. 우선 쉽게 생각할 수 있도록 광원을 아주 작은 점광원이라 하고, 그 점광원이 어떤 구체를 비추고 있다고 가정해 볼게요. 다음의 그림을 통해 알 수 있듯이 점광원 A부터 구체로 이어지는 접선이 그림자가 생기는 음영 구역과 빛이 닿는 일조 구역을 나누겠지요.

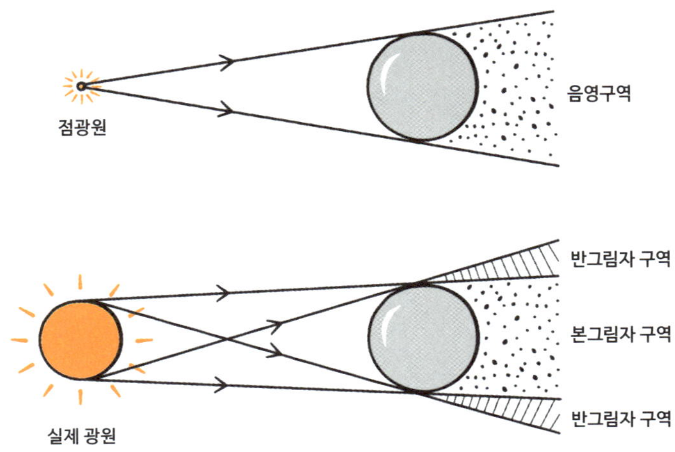

현실에서는 이렇게 이상적인 점광원이 존재할 수 없습니다. 실제 광원은 점이 아니기 때문에 접선은 내접선과 외접선으로 나뉘어요. 두 접선이 교차하는 곳이 바로 반그림자 구역이에요. 반그림자 구역은 일조 구역에 비해 상대적으로 빛을 덜 받지만 본그림자 구역처럼 모든 빛이 가려지는 건 아니에요. 이 반그림자 구역이 바로 흐릿하게 보이는 그림자의 가장자리랍니다.

Q 금속이 들어 있지 않은 거울도 있을까?

있습니다. 하지만 거울의 기능이 조금 떨어질 수 있지요. 거울의 원리는 매끄러운 면에서 빛이 나란하게 반사되는 '정반사'이기 때문에 거울 표면은 평평해야 합니다. 거울의 표면이 매끄러울수록 선명하게 보이죠.

거울을 만드는 재료에는 꼭 필요한 조건이 있어요. 첫째로 표면을 평평하게 만들기 쉬워야 하고, 둘째로 가시광선의 반사율이 높아야 합니다. 순물질 상태의 금속은 대부분 이 두 가지 조건을 만족해요. 그중 은이나 알루미늄 같은 금속은 가시광선 진동수 영역의 빛 반사율이 100%에 가깝죠.

그 밖에 플라스틱, 도자기, 유리의 표면도 어느 정도 빛을 반사하는 특징을 가지고 있어요. 도자기 재료로 만든 휴대전화의 뒷면은 거울처럼 비춰 볼 수 있고, 휴대전화의 화면에 얼굴이 비치는 것은 유리로 만들었기 때문이에요. 디러한 재료들의 표면을 매끄럽게 만드는 것은 어렵지 않습니다. 하지만 빛 반사율은 은과 알루미늄으로 만든 거울에 비할 수가 없죠.

한쪽에서만 볼 수 있는 이중거울의 원리는 무엇일까?

이중거울은 사실 가시광선에 대한 반사율이 높은 특수한 유리로 '원웨이 미러(one-way mirror)' 또는 '단방향 투시 거울'이라고도 부릅니다. 일반적인 유리는 양면 어느 쪽에서든 반대편에 있는 사물을 볼 수 있고, 거울은 오로지 빛을 반사하기만 합니다. 이중거울은 투명 유리나 거울과 달리 한 면으로는 유리처럼 반대편에 있는 사물을 볼 수 있고, 반대쪽 면에는 거울처럼 자기 얼굴만 비칩니다. 이것은 유리에 덧씌운 코팅의 두께와 직접적인 관련이 있거요.

흔히 볼 수 있는 필름을 씌우지 않은 평범한 유리는 반사율보다 투과율이 훨씬 높기 때문에 투명합니다. 필름의 두께를 조정하면 반사율과 투과율을 조정할 수 있어요. 반사율을 높이고 방의 밝기를 적절히 조절하면 이중거울을 만들 수 있습니다. 실제로 밝은 방에 있으면 빛이 충분하고 반사되는 빛이 상대적으로 많아서 이중유리에 자기 얼굴이 비쳐요. 반대쪽 어두운 방에서 나온 빛은 일부가 이중유리를 통과하긴 해도 밝기가 약해서 밝은 방에 있는 사람은 누가 자신을 바라보는지 알 수 없고, 보이는 것이라고는 자기 얼굴밖에 없죠.

밝은 방의 빛은 대부분 이중유리를 통과할 수 있어서 어두운 방에서 반사된 빛보다 훨씬 밝고, 어두운 방에 있는 사람은 건너편 밝은 방의 상황을 볼 수 있어요. 이것은 가로등이 밝을 때 반딧불이가 보이지 않는 것과 같은 이치예요. 가로등의 불빛이 반딧불이의 약한 빛을 뒤덮으니까요. 다행히 두 방의 밝기가 크게 차이 나지 않는다면 서로가 서로를 볼 수 있답니다.

Q 무지개는 왜 일직선으로 뻗지 않고 반원 모양을 띨까?

무지개가 만들어지려면 공기 중에 물방울이 있어야 해요. 관찰자가 해를 등지고 섰을 때 빛이 낮은 각도로 공기 중의 물방울들을 비추면 이 빛은 물방울 속에서 굴절되고 반사된 다음 사람의 눈으로 들어옵니다. 다만 다른 색의 빛은 저마다 진동수가 다르고, 매질을 통과할 때 굴절되는 정도가 달라요. 빛의 진동수가 클수록 굴절률도 높아지죠. 그래서 백색광이 굴절과 반사를 거치면 합쳐져 있던 빛이 분산되고 다양한 색이 나타나 무지개가 생기는 거예요.

태양광이 물방울에서 분산될 때, 각 색깔의 빛은 특정 각도에 집중됩니다. 굴절의 법칙(스넬의 법칙)과 반사의 법칙을 통해 빛이 가장 집중되는 경우는 가장 적게 휘어질 때, 즉 물방울을 통과하는 편차각(deviationangle)이 최소일 때임을 증명할 수 있어요. 예를 들어 적색광은 우리 눈에 들어오는 빛이 물방울에 입사한 태양광과 이루는 각도가 42.52°일 때 가장 강해요.(주: 입사한 태양광이 중간에 굴절 및 반사하여 우리 눈에 들어오는 빛이 되므로 두 빛은 직접 만나지 않아요. 여기서 두 빛이 이루는 각도란 두 빛의 경로를 물방울 뒤로 연장했을 때 만나는 점에서 이루는 각을 의미합니다.) 그 외의 각도로 반사, 굴절되는 적색광은 많지 않아 세기가 약하고 우리 눈에 인식되지 못하죠. 우리가 보는 무지개의 빨간색은 공기 중에 퍼져 있는 물방울에서 굴절, 반사된 적색광 중 햇빛과 42.52° 각도를 이루며 우리 눈에 도달한 빛의 모임이에요.

사람의 눈에서 시작해 물방울에 입사하는 태양광과 평행한 방향으로 이어지는 선분을 회전축으로 하는 원뿔을 상상해 보세요. 사람의 눈이 원뿔의 꼭짓점이 되고 회전축과 42.52°를 이루는 선분이 모인 원뿔 모양이요. 그 원뿔의 밑면인 원의 둘레가 우리가 보는 빨간색 무지개예요.

빛의 진동수에 따라 굴절률이 달라져요. 태양광과 이루는 내각이 조금씩 다르다 보니 일곱 가지 색을 띠는 동그란 무지개가 만들어집니다. 다만 땅이 아랫부분을 막고 있어서 우리는 윗부분밖에 볼 수 없어요. 그래서 무지개는 반원 모양으로 보이는 거예요.

Q 밤에 호수에 비친 불빛은 왜 길게 늘어져 있을까?

거울에 상이 또렷하게 비치는 이유는 거울 표면이 평평하고 매끄럽기 때문이에요. 매끈한 표면에 같은 각도로 입사한 빛은 항상 같은 각도로 반사됩니다. 거울에 반사된 빛은 진행 방향만 바뀔 뿐 흩어지거나 퍼지지 않아요. 이러한 반사를 정반사라고 하며, 거울에 정반사된 빛을 받아들인 눈은 물체를 원래 모습 그대로 볼 수 있지요.

반사의 또 다른 종류로 난반사가 있습니다. 일반적인 벽면은 크게 확대하면 표면이 울퉁불퉁하기 때문에 반사광이 여러 방향으로 흩어지는 난반사가 일어나요. 기존의 빛이 담고 있는 물체에 대한 정보가 흐트러지기 때문에 벽면에는 상이 비치지 않는 것이지요.

수면은 거울과 벽면의 중간으로 볼 수 있어요. 수면은 출렁거리며 주름이 지긴 하지만 표면 자체는 매끈하지요. 사람의 눈은 수면에 반사된 빛을 통해 물체의 상을 보는데, 주름이 있어서 상에 왜곡이 생길 수밖에 없어요. 오목거울처럼 주름진 수면은 상을 찌그러뜨리고 볼록 거울처럼 주름진 수면은 상을 길게 늘어뜨리죠. 이러한 요소가 종합적으로 작용해서 수면에 비친 모습이 왜곡되어 보이는 거랍니다.

Q 물질이 연소할 때 빛이 나는 이유는 무엇일까?

아주 격렬한 화학 반응인 연소는 화학 에너지를 열 에너지와 빛 에너지로 전환하는 과정을 말합니다. 먼저 물질의 발열 메커니즘은 아주 간단해요. 연소 과정에서 특정 화학 결합이 끊어지고 새로운 화학 결합이 만들어져요. 이

대 새로운 화학 결합의 에너지가 기존 화학 결합의 에너지보다 크면 열이 발생하는 것이지요(반응물의 결합을 끊기 위해서는 에너지가 필요하고, 생성물이 결합을 형성할 때는 에너지를 방출해요. 반응물보다 생성물의 결합 에너지가 클 경우 결합을 끊을 때 필요한 에너지보다 새로운 결합이 생길 때 방출하는 에너지가 크답니다). 연소는 대개 에너지를 내보내지만 열을 흡수하는 연소 반응이 아예 없다고는 할 수 없어요.

다음으로 빛이 나는 현상을 살펴볼게요. 일반적으로 연소 과정에서 빛이 나는 현상은 두 가지 메커니즘과 관련이 있어요. 하나는 열복사고, 다른 하나는 불꽃 반응이에요.

열복사는 온도를 가진 물체가 전자기파를 방출하는 현상을 말합니다. 온도가 절대 영도(고전적으로 입자가 열운동하지 않는 온도 '−273.15℃')보다 높은 모든 물체는 열복사를 일으켜요. 온도가 높을수록 파장이 짧고 에너지가 큰 전자기파가 많아지죠. 열복사는 연속적인 파장의 빛을 방출합니다. 열복사의 주요 파장 범위는 파장이 비교적 긴 가시광선과 적외선이에요.

불꽃 반응은 흔히 볼 수 있는 또 다른 광학 현상 중 하나예요. 특정 물질이 고온에서 연소되면 표면의 전자는 에너지가 높은 들뜬상태가 됩니다. 들뜬상태의 전자가 처음의 낮은 에너지로 돌아올 때 특정 파장의 빛을 내보내는데 이 파장이 가시광선의 범위에 들어오면 그에 해당하는 색의 빛을 볼 수 있는 거예요.

 **무지개 옆에 색 순서가 반대로 배열된 연한 무지개가
보이는 이유는 무엇일까?**

　무지개가 떴을 때 색 배열이 반대인 연한 무지개가 하나 더 뜨기도 하는데, 이것을 암무지개 혹은 2차 무지개라고 합니다. 비 내린 뒤의 하늘에는 작은 물방울이 아주 많아요. 이 물방울들은 백색광을 분산시키는 프리즘 분광기 역할을 합니다. 1차 무지개와 2차 무지개는 모두 햇빛이 물방울 안에서 여러 번 굴절되고 반사되어 만들어진 결과물이에요.

　다른 점이 있다면 1차 무지개는 햇빛이 굴절-반사-굴절되어 만들어진 반면, 2차 무지개는 햇빛이 굴절-반사-반사-굴절된 뒤에 만들어졌다는 것이지요. 2차 무지개는 햇빛이 한 번 더 반사된 뒤에 만들어지기 때문에 1차 무지개 바깥에 색 배열이 반대인 형태로 나타나는 거예요. 2차 무지개의 색이 옅은 것도 같은 이유고요.

 **빛의 속도는 어떻게 측정할까?**

　빛의 속도를 측정하는 방법은 인류가 아주 오래전부터 고민했던 문제였어요. 간단하면서도 비교적 정확한 측정법 하나를 소개할게요.

　프랑스의 물리학자 이폴리트 피조가 1849년에 회전하는 톱니바퀴를 이용해 광속을 측정하는 방법을 발표했어요. 우선 광원에서 아주 멀리 떨어진 지점에 빛의 진행 방향에 수직하게 평면 거울을 설치하고, 광원에 가깝게 톱니바퀴를 둡니다. 광원에서 나온 빛은 톱니바퀴의 톱니 사이를 지난 뒤에 먼 거리를 이동하고, 거울에 반사되어 톱니바퀴로 돌아오겠죠. 톱니바퀴에는 톱니와 톱니 사이의 틈이 있어요. 빛이 이 톱니 사이의 틈을 지나면 관찰자는 되돌아오는 빛을 볼 수 있고, 반대로 빛이 톱니에 가로막히면 보이지 않게 돼요.

톱니바퀴가 느리게 회전할 때는 빛이 아주 빠르기 때문에 거울에 반사되어 되돌아와도 여전히 같은 톱니의 틈을 통과해 관찰자가 빛을 볼 수 있어요. 톱니가 매우 빠르게 회전하면 빛이 반사되어 돌아왔을 때, 톱니가 이미 돌아가 틈을 통과하지 못하고 가로막혀 버립니다. 빛이 처음 가로막히는 톱니바퀴의 회전 속도가 얼마인지 측정하면 빛이 이동한 시간을 파악할 수 있어요. 톱니바퀴에서 거울까지의 거리를 통해 빛이 이동한 거리를 알 수 있으니 빛의 속도를 계산할 수 있는 거죠.

피조는 이 방법을 통해 빛의 속도가 31만 5,000km/s라고 발표했습니다. 피조가 실험했던 당시는 레이저가 없었기에 점광원에서 퍼져나가는 빛을 먼 거리의 거울까지 보내기 위해 여러 개의 볼록렌즈를 활용했어요.

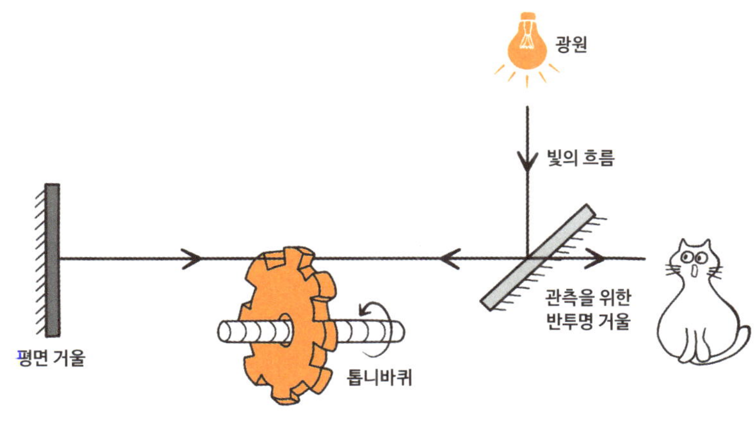

회전 톱니바퀴를 사용한 광속 측정 설명도

    광속이 무조건 모든 속도의 극한을 의미하지는 않습니다. 물리학에서 속도는 다양한 맥락에서 사용되기 때문에 어떤 '속도'들은 광속보다 빠를 수 있거든요. 다만 광속보다 빠르게 정보를 전달할 수는 없어요.

    양자 얽힘 상태의 두 입자는 둘 중에 한 입자에 대한 양자 상태를 측정하면 다른 입자가 얼마나 멀리 떨어져 있든지 그 즉시 멀리 떨어진 입자의 양자 상태가 결정됩니다. 따라서 두 입자가 멀리 떨어져 있을 때, 한 입자의 양자 상태를 측정하면 다른 입자에게 빛보다 빠르게 영향을 미칠 수 있죠. 이 현상은 실험을 통해 실제로 구현할 수 있습니다. 하지만 양자 얽힘을 활용해 빛보다 빠르게 정보를 전달하지는 못해요. 한쪽에서 측정한 결과를 반대편에서는 알 수 없으니까요.

    일반 상대성 이론에서 시공간의 팽창으로 인해 '두 점 사이의 거리가 멀어지는 속도' 역시 빛의 속도보다 빠를 수 있습니다. 시공간의 팽창으로 천체가 멀어지는 것은 별빛의 파장이 길게 측정되는 허블의 적색편이(천체의 스펙트럼선이 원래의 파장보다 긴 쪽으로 치우쳐 나타나는 현상)를 통해 확인할 수 있어요. 아득히 멀리 있는 천체가 우리에게서 멀어지는 속도는 빛의 속도를 초월할 수도 있답니다. 하지만 이것도 정보를 전달하지는 못해요. 단지 두 점 사이의 거리가 빠르게 멀어질 뿐이죠.

    현대 물리학에서는 정보를 전달할 수 있는 한계는 광속이며, 빛의 속도보다 빠르게 정보를 전달할 수는 없다고 봅니다. 이 이론이 정확하다는 것은 여러 실험이 보여 줬어요. 이 이론에 어긋나는 현상은 아직 나타나지 않았고요.

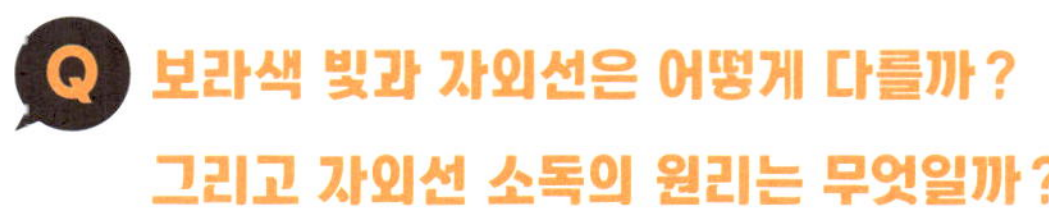

보라색 빛과 자외선은 어떻게 다를까?
그리고 자외선 소독의 원리는 무엇일까?

보라색 빛과 자외선 모두 전자기파의 일종이지만 둘은 파장이 다릅니다. 보라색 빛의 파장은 가시광선 영역 안에 있지만, 자외선의 파장은 '보라색 밖'이라는 이름 그대로 가시광선의 영역을 벗어나요.

자외선은 보라색 빛보다 파장(λ)이 짧아요. 또한 광자의 에너지를 구하는 공식 '$E=hc/\lambda$'를 통해 보라색 빛보다 에너지가 훨씬 크다는 것을 알 수 있지요. 이 때문에 소독이 필요한 여러 상황에 자외선을 쓸 수 있는 거예요.

자외선은 보통 세균, 진균 등 병을 유발하는 미생물의 유전물질을 파괴합니다. 그래서 미생물이 죽고 소독이 되는 거죠. 자외선이 유전물질을 파괴하면 기존 결합과 사슬이 끊어지고 고분자 사슬 간의 화학 결합이 일어나며 광화학 반응 생성물이 만들어져요. 이렇게 변형된 유전물질로 인해 미생물은 더 이상 정상적인 자기복제를 할 수 없고, 살아가는 데 필요한 단백질을 만들지 못해요. 그 결과는 미생물을 죽게 할 만큼 치명적이랍니다.

푸른빛을 띠는 유리는 어떤 원리로 푸른빛을 띨까?

파란색 유리가 푸른빛을 띠는 것은 푸른빛을 흡수해서가 아니라 푸른빛만 통과시키고 다른 색 빛을 흡수했기 때문입니다. 이건 여러 가지 방법으로 확인할 수 있어요.

예를 들면, 칼륨 이온의 불꽃 반응을 관찰할 때 푸른빛을 띠는 코발트 유리가 유용하게 활용돼요. 칼륨 화합물 속에 화학적 성질이 비슷한 나트륨이 조금 섞여 있을 때가 있는데, 이 소량의 나트륨 이온이 불꽃 반응 중에 노란빛을 내면서 칼륨 이온이 내는 보랏빛을 덮어 버립니다. 하지만 코발트 유리는 나트륨 이온이 내는 노란빛을 흡수하고, 칼륨 이온이 내는 보랏빛을 통과시켜요. 빛이 코발트 유리를 통과하고 나면 우리 눈에는 칼륨 이온의 보랏빛 불꽃만 보이지요. 코발트 유리를 통해 나트륨 이온의 불꽃의 색을 관찰해 보면 불꽃이 아무런 색을 띠지 않게 되는 것을 확인할 수 있어요.

또 다른 예도 있어요. 어두컴컴한 공간에서 코발트 유리에 붉은빛이나 초록빛을 비추면 유리는 파란색이 아니라 검은색으로 보인답니다. 주변에 푸른빛을 띠는 성분이 없는 데다 유리가 다른 나머지 색의 빛을 흡수했기 때문이에요.

Q 금속과 흑연이 '금속광택'을 띠는 원리는 무엇일까?

금속이 광택을 띠는 것은 가시광선에 대한 금속의 반사율이 높기 때문이에요. 대부분의 금속은 가시광선 영역의 전자기파를 반사합니다. 그 이유는 고체 이론과 전자기학을 통해 설명할 수 있어요.

금속 내부에는 자유롭게 움직이는 자유전자가 많아요. 물론 자유전자도 원자핵이나 다른 전자들에게 약간의 전기력을 받기 때문에 완벽하게 자유로운 건 아닙니다. 빛을 전자기파라고도 부르는 것은 빛이 진동하는 전자기장이기 때문이에요. 따라서 전자기파가 닿으면 금속은 기존의 자유전자 분포를 바꿔서 외부의 전기장을 상쇄할 뿐 아니라, 표면에서 자유전자가 집단적으로 진동하는 표면 플라즈몬(surface plasmons)도 만들 수 있습니다.

이렇게 전자기파를 상쇄할 때 금속 내부의 유전상수는 매우 작아요. 이런 정보를 바탕으로 전자기학의 맥스웰 방정식을 계산하면, 금속의 반사율이 아주 높다는 것을 알 수 있어요. 결국 전자기파는 금속을 통과하지 못해 에너지가 손실되지 않고, 그대로 팅겨 나옵니다.

흑연도 금속처럼 층층이 꽤 많은 자유전자가 들어 있어요. 금속처럼 가시광선 영역대의 전자기파를 쉽게 반사하기 때문에 '금속광택'이 나는 것이지요. 다만 흑연은 금속에 비하면 반사율이 낮은 편이라서 반사된 빛의 세기가 약하기 때문에 잿빛을 띠어요.

어떤 사람들은 왜 거울에 비친 자기 모습이 사진보다 못생겼다고 생각할까?

만약 거울에 비친 모습이 사진보다 못생겨 보인다면 몇 가지 문제를 고민해 봐야 합니다. 첫째, 사진 찍을 때 화장을 했는지 생각해 보세요. 화장한 얼굴과 안 한 얼굴은 차이가 무척 크답니다. 둘째, 그 사진이 어떤 전문가의 손길을 거쳤는지 떠올려 보세요. 전문가는 적절한 조명에 완벽한 각도까지 고려해서 여러분의 마음에 쏙 드는 사진을 찍어 줄 테니까요. 셋째, 턱을 갸름하게 깎거나 코를 세우고 헤어라인을 채우는 등 보정을 하지 않았는지 생각해 보세요. 조금이라도 보정을 하면 만족도가 높아지거든요.

우리는 못생겨 보이는 사진은 대부분 삭제하고 마음에 드는 사진만 저장해요. 거울에 비친 모습과 비교하는 사진은 수없이 찍은 결과물 중 가장 마음에 드는 사진일 확률이 높죠.

Q 파괴력이 강한 레이져 무기로 거울을 쏘면 어떻게 될까?

거울이라고 해도 빛을 완벽히 반사만 하는 것은 아니며 특정 반사율을 가져요. 일반적으로 거울의 반사율은 90% 수준이고, 특수한 공정을 거치면 99%까지 높아지죠. 레이저가 어떤 물체를 파괴할 수 있는가는 물체가 흡수하는 에너지에 달려 있어요. 물체가 흡수하는 에너지는 물체 표면의 반사율과도 관련이 있지만, 물체의 재질과도 관련이 있어요. 물체의 재질에 따라 흡수하는 레이저의 파장과 에너지가 달라지거든요.

거울은 반사율이 높기 때문에 레이저 무기의 공격을 대부분 튕겨낼 수 있습니다. 하지만 거울 표면에 티끌이 하나도 없고, 거울 재료에 결함이 전혀 없다고 보장할 수는 없잖아요. 거울 표면에 먼지가 한 톨이라도 있거나 재료가 갈라지는 등 결함이 있다면 고출력 레이저는 분명 그 거울을 불태워 없애버릴 거예요.

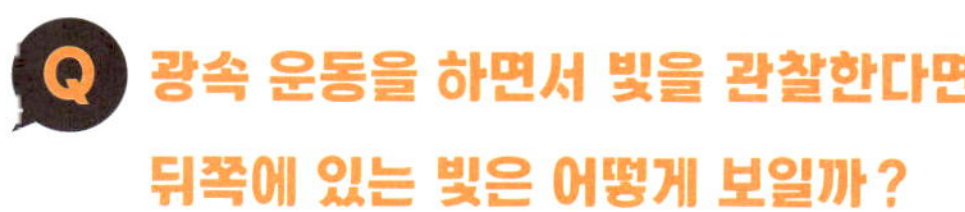

광속 운동을 하면서 빛을 관찰한다면 뒤쪽에 있는 빛은 어떻게 보일까?

이 세상에 실제로 광속 운동을 할 수 있는 사람은 없어요. 과학적 탐구의 자세를 가지고 지구에 사는 사람이 태양을 등진 채 우주선을 타고 가속하여 광속에 '가까운' 속도로 운동한다고 가정했을 때 어떤 일이 벌어질지 상상해 봅시다.

우주선이 발사될 때 지구를 벗어나게 하는 강한 추진력 때문에 생기는 불편함을 제외하면, 우주여행 초반에는 특별히 달라질 것이 없습니다. 우주선이 약 $10m/s^2$의 가속도로 안정적으로 가속하면, 우주에 있어도 무중력이 아닌 익숙한 지구의 중력을 느낄 거예요.

우주선의 가속도를 a라고 합시다. 시간이 t만큼 지난 뒤 우주선의 속도 v는 다음과 같습니다.

$$v = \frac{at}{\sqrt{1 + (at/c)^2}}$$

이 공식에 따르면 $10m/s^2$의 가속도로 약 200일간 가속했을 때 우주선의 속도가 비로소 광속의 50%에 도달합니다. 이때 두 가지 상대론적 광학 효과가 뚜렷하게 나타나요. 첫 번째로 바로 빛의 도플러 효과죠. 우주선에서 측정된 빛의 각도를 θ라고 했을 때, 천체에서 나온 빛의 진동수 f_0와 우주선이 받는 진동수 f의 관계는 다음과 같습니다.

$$f = f_0 \frac{\sqrt{1 - (v/c)^2}}{1 - v\cos\theta/c}$$

천체가 우주선의 앞에 있으면, 우주선에 도달하는 빛의 진동수가 커지기 때문에 빛의 색깔이 파란색이나 보라색으로 치우치는 청색편이가 생겨요. 반대로 천체가 우주선 뒤에 있으면 빛의 진동수가 작아지기 때문에 빛의 색깔이 붉은색 쪽으로 치우치는 적색편이가 생기죠.

두 번째는 바로 광행차 효과예요. 아주 빠르게 움직이는 우주선에서 바라보는 천체의 위치는 우주선 밖에 멈춰 있는 사람이 바라보는 천체의 위치와는 큰 차이가 있어요. 천체에서 나온 빛과 우주선의 경로가 이루는 각도가 우주선에서는 θ, 우주선 밖에는 θ_0로 측정되는데 둘 사이의 관계는 다음과 같아요.

$$\sin\theta = \frac{\sqrt{1-\left(\frac{v}{c}\right)^2}}{1+\frac{v}{c}\cos\theta_0}\sin\theta_0$$

이 식은 우주선의 속도가 빨라질수록 θ가 θ_0보다 점점 작아져, 결국 모든 빛이 정면에서 다가오게 된다는 것을 의미해요. 관측한 천체는 고르게 퍼져 있지 않을 거예요. 우주선의 진행 방향과 정면으로 마주하는 곳에는 천체가 비교적 빽빽하게 차 있고 정반대 쪽은 천체가 드문드문 보이겠지요.

우주선의 속도가 빨라질수록 앞서 설명한 두 가지 광학 효과는 뚜렷하게 나타납니다. 속도가 광속에 가까워지면, 우주선 뒤쪽의 특정 천체를 관찰하려고 해도 광행차 효과로 인해 그 천체는 이미 우주선 앞쪽에 와 있을 거예요.

정리해 보면 광속에 가까운 운동을 하는 사람은 광행차로 인해 정면의 좁은 공간에 빽빽이 밀집한 채 눈이 부시도록 밝은 빛을 내뿜는 모습을 보게 될 거예요. 반면 뒤편의 하늘은 거의 텅 비어 있지요. 완벽히 정반대 뒤쪽에 있는 천체가 내는 빛은 광행차 효과에서 예외지만 그마저도 도플러 효과로 인해 적외선으로 바뀌면서 결국 관찰자의 시야에서 사라질 거예요.

미션 완료!
다음 단계로 출발!

전시 해설사는 물리 군의 답변을 들으며 쉴 새 없이 고개를 끄덕였다. 물리 군이 마지막 문제까지 풀고 나자 전시 해설사가 활짝 웃으며 말했다.

"축하합니다! 이번 퀴즈 행사에서 가장 높은 점수를 받으셨어요!"

전시 해설사가 고속열차 티켓 두 장을 건넸다. 물리 군이 티켓을 받으려는 순간, 전시 해설사는 무언가 떠오른 듯 다시 말을 이었다.

"아, 다른 경품이 걸려 있는 문제가 있답니다! 만약 그 문제들까지 다 맞히시면 기상과학관 입장권도 두 장 드릴게요!"

물리 군은 자신만만했다.

"좋아요, 도전할게요!"

슈냥이가 옆에서 발을 열심히 휘저으며 물리 군을 응원했다.

이어진 문제들도 물리 군에게는 식은 죽 먹기였다. 고속열차 티켓과 기상과학관 입장권을 받은 물리 군은 슈냥이와 함께 새로 개관한 기상과학관을 낱낱이 파헤쳐 보기 위해 서둘러 고속열차 역으로 향했다.

날씨에서 만난 물리

여섯 번째 미션 시작!

고속열차가 드디어 승차장에 멈춰 섰다. 슈냥이는 늘 그랬듯이 잽싸게 뛰어나가 열차에서 내렸고, 물리 군은 슈냥이를 쫓아가며 소리쳤다.

"천천히 가! 같이 가자고!"

역을 나서자 번쩍번쩍 빛나는 돔 형태의 건물 세 채가 나타났다. 건물 하나는 매우 컸고 다른 두 개의 건물은 그보다 조금 작았다. 기상과학관이 분명했다. 기운이 펄펄 넘치는 슈냥이는 날쌔게 달려갔고 눈 깜짝할 사이에 멀어졌다. 기상과학관은 가까워 보였지만 막상 길을 걸어 보니 꽤 멀었다. 물리 군은 더워서 땀을 뻘뻘 흘렸다.

'날씨가 조금만 시원했다면 좋았을 텐데.'

그 생각이 머리를 스치는 순간, 갑자기 날씨가 확 달라졌다. 어느새 다가온 먹구름이 태양을 가렸다. 곧이어 번개 두 줄기가 번쩍이더니 잠시 후에 우르릉 하는 천둥소리가 울려 퍼졌다.

"얼른 뛰자! 비가 곧 쏟아지겠어!"

물리 군은 쏜살같이 달려가 슈냥이를 품에 안고 빠르게 발을 놀려 기상과학관까지 질주했다. 기상과학관에 도착한 물리 군이 숨을 돌리기도 전에 밖에서 세찬 비가 쏟아지는 소리가 들리기 시작했다. 물리 군과 슈냥이는 비 내리는 소리를 들으면서 기상과학관의 전시를 둘러보며 견문을 넓혔다.

기상과학관의 출구에 이르자, 아주 커다란 게시판이 눈에 들어왔다. 게시판은 관람객들이 남긴 메모로 빼곡했다. 물리 군이 메모들을 찬찬히 살펴봤다.

"사람들이 남긴 질문이 엄청 많은데?"

"냐옹!"

슈냥이가 게시판에 있는 메모 중 하나를 가리켰다.

"하얀 구름은 왜 비가 내리기 전에 먹구름으로 변하는 거야?"

메모를 읽고 난 물리 군이 슈냥이의 머리를 쓰다듬었다.

"비가 금방 그칠 것 같진 않으니까 게시판에 붙은 문제나 풀어야겠어. 시간도 때우고 공부도 하는 거지. 슈냥아, 네 생각은 어때?"

 **하얀 구름은 왜 비가 내리기 전에 먹구름으로 변할까?**

일단 하얀 구름이 왜 하얀색인지 알아야 합니다. 우리 눈에 보이는 구름은 하얀색이든 검은색이든 본래 모습은 아주 작은 물방울이 모여 이루어진 덩어리예요. 우리가 아는 먹구름과 하얀 구름의 차이는 한가득 모여 있는 작은 물방울이 햇빛에 반응하는 방식이 다른 것뿐이지요. 구름을 이루는 물방울은 지름이 가시광선 영역의 파장과 크게 차이 나지 않기 때문에, 모든 가시광선을 고르게 산란시키는 '미 산란(Mie scattering)'을 일으킵니다.

반면 공기 분자처럼 가시광선의 파장보다 훨씬 작은 입자는 또 다른 산란 방식인 '레일리 산란(Rayleigh scattering)'을 일으켜요. 햇빛은 기본적으로 흰색이고 햇빛이 구름에 산란돼도 모든 색의 가시광선이 같은 비율로 반사되기 때문에 구름은 햇빛과 똑같이 흰색을 띠는 거예요.

하얀 구름은 왜 비가 내리기 전에 먹구름으로 변할까요? 구름이 어두워지는 건 여러 이유로 빛이 구름에 더 많이 흡수되기 때문이에요. 그 첫 번째 이유는 먹구름이 대부분 두껍기 때문입니다. 비가 내리기 직전에는 구름을 이루는 물방울이 늘어나서 밀도가 높아지고 구름이 두꺼워져요. 구름이 두꺼워진 만큼 더 많은 빛을 흡수하겠지요. 그러면 구름을 통과해서 사람의 눈으로 들어오는 빛이 줄어드니까 구름의 색이 어둡게 보이는 거예요.

두 번째 이유는 비가 내리기 전에 물방울이 커지기 때문이에요. 물방울은 크기가 클수록 더 많은 빛을 흡수합니다. 따라서 구름이 어둡게 보이는 것이지요.

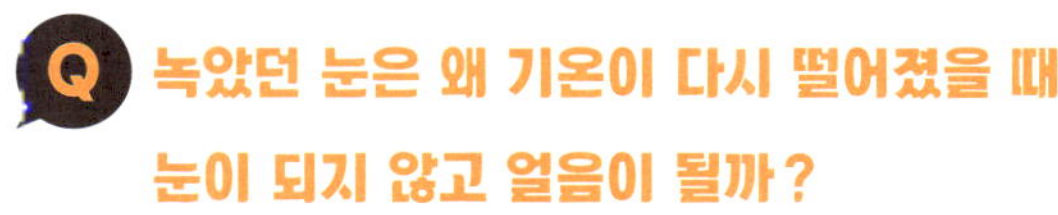

눈과 얼음은 고체 상태의 물이지만, 눈을 만들려면 평범한 얼음이 생길 때와는 다르게 특별한 과정을 거쳐야 해요. 눈은 하늘의 수증기가 기체에서 액체 상태를 거치지 않고 바로 고체로 응결하면서 만들어집니다. 눈이 만들어지려면 포화 수증기와 응결핵이라는 두 가지 조건이 필요해요. 응결핵은 수증기가 응결할 때 달라붙는 작은 입자를 가리켜요.

그렇다면 포화 수증기란 무엇일까요? 물은 고체나 액체 상태일 때 끊임없이 수증기로 변화하고, 수증기 역시 계속해서 액체나 고체로 변화해요. 공기 중에 수증기량이 포화 수증기량보다 적으면, 두 과정 중 수증기로 변하는 과정이 더 활발해 수증기량이 계속 많아집니다. 포화 수증기량에 도달하면 두 과정이 균형을 이뤄 수증기가 더 많아질 수 없어요. 포화 수증기란, 해당 온도에서 공기 중 수증기가 최대한으로 많은 상태를 말합니다.

낮은 온도에서는 액체 상태인 물의 포화 수증기압보다 고체 상태인 얼음의 포화 수증기압이 더 작습니다. 얼음은 더 이상 수증기로 변하지 않지만 물은 계속해서 수증기로 변할 수 있고, 많아진 수증기는 오히려 얼음으로 응결하며 결정을 만듭니다. 다시 말해 높은 하늘에서는 온도가 낮아서 수증기가 물이 되는 것보다 곧장 얼음이 되는 것이 더 쉽지요.

낮은 온도에서의 포화 수증기는 응결핵 역할을 하는 작은 고체 입자에 달라붙어 점차 커지다가 눈송이가 되어 내려요. 그래서 바람 따라 하늘하늘 휘날리는 눈송이를 볼 수 있는 거예요. 시간이 지나 눈송이가 녹으면 물이 되지요. 액체 상태의 물이 낮은 온도에서 다시 얼더라도 눈송이가 만들어지는 과정과는 차이가 있기 때문에 평범한 얼음이 되는 거예요.

앞서 설명한 두 조건으로 실내에서 눈이 내리도록 만들 수 있답니다. 18세기에 열린 귀족들의 무도회에서 있었던 일이에요. 실내는 사람들로 북적였고 촛불이 많이 켜져 있었어요. 다시 말해 실내에 수증기가 많고 촛불이 타면서 생긴 연기로 인해 응결핵이 충분히 만들어졌다는 뜻이지요. 이때 한 남자가 창문을 깨뜨렸어요. 바깥의 찬 공기가 들어오자 높았던 실내 온도가 뚝 떨어졌고, 수증기가 응결하며 무도회장 안에 눈이 내리기 시작했어요. 당시 사람들은 그 장면이 한 편의 마술처럼 보였을 거예요. 하지만 여러분은 그 속에 숨겨진 물리 지식을 배웠으니 원리를 이해할 수 있겠지요?

Q 인공 강우를 만드는 원리는 무엇일까?

구름이 비로 변해 떨어지는 것은 구름 속 수증기의 양뿐 아니라 구름 속 응결핵의 양과도 관련이 있습니다. 그래서 인공 강우를 만들 때는 구름의 구체적인 상태에 따라 다른 물질을 뿌려야 해요. 인공 강우에 사용하는 물질로는 드라이아이스나 프로페인 같은 냉각제, 아이오딘화은, 아이오딘화납, 황화철과 같은 결정 촉매제, 소금, 요소, 염화칼슘 같은 흡습제 등이 있고요. 이 물질들을 뿌리는 방법은 두 가지예요. 하나는 비행기에서 뿌리는 것이고, 다른 하나는 땅에서 구름층을 향해 로켓으로 쏘는 것이지요.

하늘을 나는 비행기에서 구름층에 아이오딘화은을 뿌릴 때는 보통 미세한 분말 형태로 사용해요. 분말 형태의 아이오딘화은은 응결핵의 양을 늘리고 구름의 기류를 방해합니다. 이에 따라 작은 물방울이 커지고 중력과 부력이 평형을 이루지요. 그 결과, 상승 기류가 더 이상 물방울을 위로 올리지 못해서 비가 내리는 거예요.

과학이 발전할수록 인공 강우를 만드는 새로운 기술이 속속 등장하고 있습니다. 플라스마를 만드는 고전압 기술, 인공 강우로 초미세먼지를 없애는 정전기적 촉매 기술, 세균 기술 등이 있지요.

Q 오존은 밀도가 큰 편인데 왜 지구의 오존층은 땅으로 떨어지지 않나요?

대기층 중 성층권의 일부 지역에 자리하고 있는 오존층은 자외선 복사를 대거 흡수합니다. 오존층이 지구 표면, 즉 사람이 서 있는 고도까지 내려오지 않는 이유는 크게 두 가지예요. 우선 오존이 성층권에서 계속 만들어지고, 만들어진 오존은 다시 산소로 분해되기 때문입니다. 두 번째 이유는 성층권의 기류가 안정적이기 때문이에요. 더 중요한 것은 첫 번째 이유입니다.

성층권은 지면을 기준으로 약 10~30km 고도에 있는 대기층을 말합니다. 오존은 주로 성층권의 아랫부분에 모여 있고, 농도는 10ppm(농도의 단위, 1ppm=0.0001%) 수준이에요. 대기층 전체에서 오존의 평균 농도는 약 0.3ppm입니다. 자외선은 성층권에서 두 가지 화학 반응에 관여해요. 우선 자외선은 산소 분자(O_2)를 두 개의 산소 원자(O)로 해리시켜요. 해리된 산소 원자는 새로운 산소 분자와 결합해서 오존(O_3)이 되는 것이지요. 오존이 자외선을 흡수하면 다시 오존 분자가 산소 분자와 산소 원자로 분리돼요. 이 과정들의 화학 반응식은 다음과 같습니다.

$$O_2 \xrightarrow{\text{자외선}} 2O,\ O_2 + O \longrightarrow O_3,\ O_3 \xrightarrow{\text{자외선}} O_2 + O$$

자외선으로 인해 오존층에서는 오존이 계속해서 만들어지고 없어지기를 반복하며 오존 농도가 안정적으로 유지되고, 오존층은 200~315nm 사이의 파장을 갖는 자외선을 흡수합니다.

지표 부근의 대류권에도 오존이 아예 없는 것은 아니에요. 대기 운동으로 오존의 일부가 지표면 가까이 내려가기도 하고, 번개가 치면 대류권에서 오존이 생성되기도 해요. 하지만 오존층보다는 농도가 훨씬 낮습니다. 사람은 보통 오존 농도가 0.1ppm 이상이면 특유의 생선 비린내를 맡을 수 있지만 지면 가까이에는 오존 농도가 낮기 때문에 비린내가 아닌 공기의 '신선함'을 느낄 수 있는 것이지요.

지금까지의 내용을 종합해 보면, 자연 상태에서 대류권에도 오존이 존재하고 대기 운동으로 오존이 지표면 가까이 내려오기도 하지만 농도는 아주 낮다는 것을 알 수 있습니다. 성층권은 기류가 비교적 안정적이고 자외선이 끊임없이 들어와 오존이 계속 만들어지다 보니 농도가 짙어져 오존층이 생긴 것이지요. 우리에게는 오존층이 높은 고도에 가만히 머물러 있는 것처럼 보이지만요.

이 밖에도 덧붙일 설명이 하나 있습니다. 자외선은 파장 영역이 비교적 넓어서 400nm보다 파장이 작으면 자외선이에요. 오존층에 흡수되는 자외선은 지구상의 생물체에 가장 위협적인 파장, 바로 '중파 자외선'이라고 부르는 275~320nm 사이의 UV-B예요. 200nm 이하의 자외선은 대개 산소에 흡수되고 320~400nm인 장파 자외선만 땅에 내려오죠. 장파 자외선은 피부에 비타민D를 생성하는 등 이로운 점이 있지만, 과하면 좋지 않습니다. 휴가철에 여행을 가서 일광욕을 즐기더라도 자외선 차단을 신경 써야 하고, 가을철의 강한 햇빛 역시 조심해야 해요.

하늘의 구멍을 메운다는 생각은 아주 창의적이네요. 아쉽게도 그 생각은 아직 실현할 수 없답니다. 오존층에 구멍을 내는 주범은 염소화합물과 같은 할로젠화물로 오존의 분해를 촉진해요. 뉴스에서 자주 나오는 프레온가스도 그중 하나예요. 남극과 북극의 하늘에는 아주 강력한 회오리바람이 돌고 있을 때가 많습니다.

이 회오리바람은 일종의 덮개처럼 극지방 하늘을 뒤덮고 염소화합물이 어디 가지 못하도록 붙잡아요. 이 현상이 촉매제가 되어 염소화합물은 불사신처럼 줄어들지도 않고 오존을 끊임없이 공격해요. 동시에 지구의 다른 지역에 있는 오존들이 극지방으로 지원을 오지 못하도록 막아요. 결국 오존 공급운을 잃은 오존층에 구멍이 생기는 것이지요.

인공적으로 오존을 뿌려서 오존층의 구멍을 메우는 것은 왜 불가능할까요? 우선 오존을 만드는 비용이 너무 비싸요. 그리고 기계를 돌려서 오존을 만들려면 에너지가 필요하잖아요. 오존층을 메울 수 있을 만큼 오존을 만들려면 큰 에너지가 소모될 뿐 아니라 그 과정에서 자연계에 새로운 악영향을 끼칠 수 있어요. 예를 들면 대량의 탄소가 배출돼서 결과적으로 온실 효과를 가속하는 등 여러 환경 문제가 생길 수 있지요.

또한 환경에 아무런 나쁜 영향을 끼치지 않으면서 충분한 오존을 만들 수 있다고 해도 이것은 오존층의 구멍을 메우는 첫 단계일 뿐이에요. 오존층이 머무는 성층권은 지면으로부터 약 10km 떨어져 있어 고도가 매우 높아요. 참고로 중형 항공기가 비행하는 고도가 7~12km예요. 만들어 낸 오존을 위로 올리는 것은 결코 쉬운 일이 아니지요.

마지막으로 대량의 오존을 공기 중으로 뿌려서 오존이 서서히 성층권까지 퍼지는 것을 기대하는 것도 불가능합니다. 오존은 사람의 호흡기를 자극하거나 상처를 입히고 신경중추를 망가뜨리는데다 몸속으로 들어가서 세포를 손상시켜요. 새로운 환경오염 문제를 일으킬 수도 있고요. 게다가 오존은 상온 상압에서 불안정하기 때문에 어렵사리 만든 오존이 금세 산소로 분해될 수 있어요. 이 모든 것을 종합적으로 따져 봤을 때, 오존을 직접 뿌려서 오존층의 구멍을 막는 방법은 아직 불가능하다고 보는 거예요.

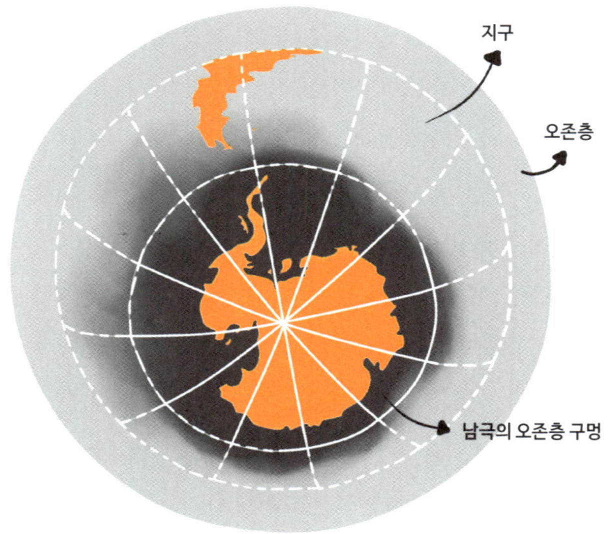

　오늘날에는 오존층의 구멍을 막기 위해 몇 가지 다른 노력을 하고 있습니다. 우선 프레온가스 같은 물질의 사용을 줄이는 거예요. ‘몬트리올 의정서’가 발효된 뒤로 협의에 참여한 세계 여러 나라는 프레온가스의 사용을 제한하고 있어요. 오존층은 자연적인 순환을 통해 만들어진 결과물이잖아요. 지구 대기의 순환에 따라 다른 대기층에 있는 오존이 오존층으로 가서 자연스럽게 구멍을 메울 수 있어요. 지구는 스스로 치유하는 능력이 아주 강하답니다. 최근에 오존층의 구멍이 메워지고 있다는 연구 결과들이 발표되고 있어요. 우리는 지구를 위해 지속적으로 관심을 기울이고 보호하기 위해 노력해야 해요.

Q 번개는 왜 직선이 아닐까?

번개가 만들어지는 과정은 크게 두 단계로 나눌 수 있어요. 구름 속의 전하가 번개 줄기를 만들며 자유롭게 뻗어나가는 것이 첫 번째 단계입니다. 번개 줄기는 뻗어 나가면서 땅과 구름 사이에 전류가 흐르는 통로를 만들어요. 이 과정에서도 빛이 생기지만 별로 밝지 않아서 눈으로 관찰하기는 어렵고 성능이 아주 좋은 카메라로 찍어야 볼 수 있어요.

다음은 우리가 평소에 번개라고 생각했던 것, 바로 번개가 하늘을 가르면서 번쩍 하고 떨어지는 단계입니다. 두 번째 단계는 하늘과 땅 사이에 있는 전하들이 첫 번째 단계에서 뻗어 나간 전하를 상쇄하는 과정으로 볼 수 있는데, 이때 대량의 광자가 방출돼요. 우리가 보는 번개는 빛이 이동한 길이 아니라 번개 줄기가 만들어 놓은 전류의 통로에서 전기가 방전되는 현상이에요.

번개 줄기가 뻗어 나아가는 현상을 분석해 볼게요. 우리 눈에는 번개가 거의 한순간에 떨어지는 것처럼 보이지만, 슬로모션으로 보면 번개가 떨어질 때 줄기의 끝부분이 앞으로 나아가는 속도는 광속보다 한참 느리다는 것을 분명히 확인할 수 있답니다. 이것은 앞으로 나아가는 번개 줄기의 끝부분이 광자가 아니라 높은 온도로 전자가 들뜬상태가 되며 만들어진 이온화된 플라스마 덩어리기 때문이에요. 플라스마의 전진 속도가 바로 번개의 전진 속도지요.

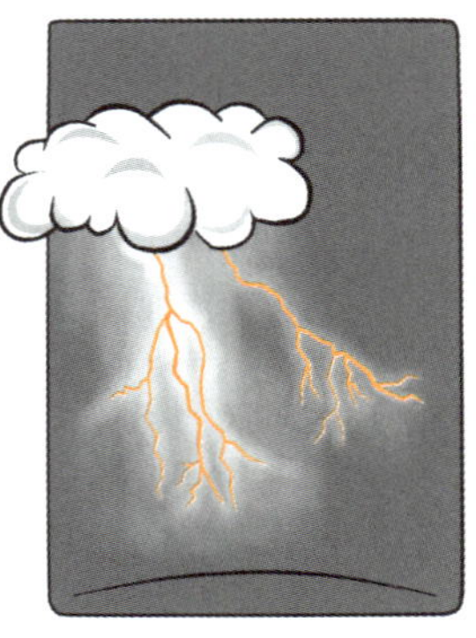

번개가 생기는 과정

번개 줄기가 뻗어나가는 물리적 메커니즘은 다음과 같습니다. 공기 입자는 대기에 골고루 퍼져 있지 않아요. 번개 줄기는 일직선이 아니라 이리저리 방향을 틀면서 뻗어나가죠. 높은 온도에서 이온화된 플라스마는 열을 내보내면서 주변에 있는 새로운 공기를 또 들뜨게 만드는데, 이때 구체적으로 어느 쪽 공기가 들뜨게 되는지는 주변 환경에 따라 달라집니다. 일단 새로운 방향에 있는 공기가 플라스마가 되면, 전기 저항률이 급격하게 떨어져요. 그 방향은 마치 합선이 일어난 전선처럼, 다른 방향의 공기가 플라스마가 되는 것을 어느 정도 막아 주고 이미 플라스마가 된 방향으로 이동하도록 합니다.

그래서 번개 줄기가 뻗어 나가는 모습을 떠올려 보면, 원래 방향으로 나아가기도 하고 방향을 틀기도 하는 거예요. 번개 줄기가 불규칙적으로 움직이다가 나아갈 방향이 정해지면 다른 방향으로 나눠지던 열 에너지, 전기 에너지, 빛 에너지가 크게 줄어듭니다. 이때 방전이 가장 많이 일어나는 중심 통로를 기준으로 번개 줄기가 잔가지처럼 여러 방향으로 얇게 갈라져 나가죠. 마지막 방전은 중심 통로에서 집중적으로 일어납니다.

Q 피뢰침의 원리는 무엇일까?

건물의 가장 높은 위치에 세워지는 뾰족한 금속 막대는 첨단 방전(point discharge)을 통해 건물을 번개에서 보호합니다. 첨단 방전이란 물체가 뾰족한 부분을 통해 쉽게 방전되는 현상을 말해요. 첨단 방전이 일어나면 방전 물체의 전하와 비구름이 몰고 온 전하가 상쇄되지요. 일반적으로 물체의 뾰족한 곳에는 전하가 몰려 있는데다, 그 끝이 뾰족할수록 전하의 밀도가 높고 전기장의 세기도 강해서 쉽게 방전될 수 있어요.

천둥과 번개를 동반한 비가 내릴 때, 비구름은 전하를 잔뜩 몰고 옵니다. 많은 전하를 지닌 비구름이 어느 건물의 위쪽에 이르면 건물에 전하가 유도되는데, 이때 비구름의 전하와 건물에 유도된 전하의 종류가 반대라서 둘 사이에는 아주 강한 전기장이 만들어져요. 건물이 높을수록 비구름과 가깝고 물체가 뾰족할수록 그 끝에 더 강한 전기장이 생기죠. 두 가지 조건이 만족되면 건물에서 쉽게 첨단 방전이 일어납니다.

만약 건물에 있는 전하가 비구름의 전하를 중화하기에 역부족이거나 첨단 방전으로 인해 만들어진 전기장이 너무 강하면 건물에 번개가 칠 수 있어요. 그래서 피뢰침은 금속 재료를 사용해 뾰족하게 만들어서 건물의 가장 높은 곳에 설치해야 합니다. 추가로 땅과 연결하는 접지도 잘해야 하고요.

그러면 건물의 다른 부분보다 피뢰침에 방전 조건이 먼저 갖춰져서 전기장이 별로 강하지 않아도 방전을 통해 비구름의 전하를 상쇄할 수 있지요. 땅과 연결된 접지가 중화에 필요한 대량의 전하를 제공해서 건물이 번개에 맞지 않도록 보호할 수도 있고요. 첨단 방전과 전하를 상쇄시키는 과정은 피뢰침의 원리를 다른 각도에서 설명한 것이에요. 피뢰침이 비구름을 향해 먼저 방전하니까 어떤 면에서는 번개를 유인한다고 볼 수도 있겠네요.

Q 일기 예보에서 보여 주는 태풍은 왜 항상 시계 반대 방향으로 돌까?

그 이유는 일기 예보에서 보통 북반구의 태풍을 보기 때문이에요. 북반구에서 태풍은 시계 반대 방향으로 돌거든요. 태풍의 본질은 강력한 열대성 저기압 회오리바람입니다. 열대성 저기압 회오리바람이라고 말하는 이유는 태풍의 눈이 저기압이기 때문이에요. 오른쪽 그림에서 회색 음영으로 칠해진 영역의 한가운데가 바로 태풍의 눈이에요. 공기가 고기압에서 저기압으로 이동하기 때문에, 주변 공기들은 태풍의 눈을 향해 움직입니다.

지구 자전으로 북반구에서 움직이는 모든 물체는 운동 방향의 오른쪽으로 코리올리 힘을 받아 경로가 휘어집니다. 그림에서 파란색 화살표를 참고하세요. 이 힘이 북반구에 있는 태풍을 시계 반대 방향으로 돌게 만드는 것이지요.

만약 남반구에 열대성 저기압 회오리바람이 생기면 어떻게 될까요? 남반구에 생긴 열대성 저기압 회오리바람은 왼쪽으로 휘어지는 코리올리 힘을 받기 때문에 태풍은 당연히 시계 방향으로 돌겠지요.

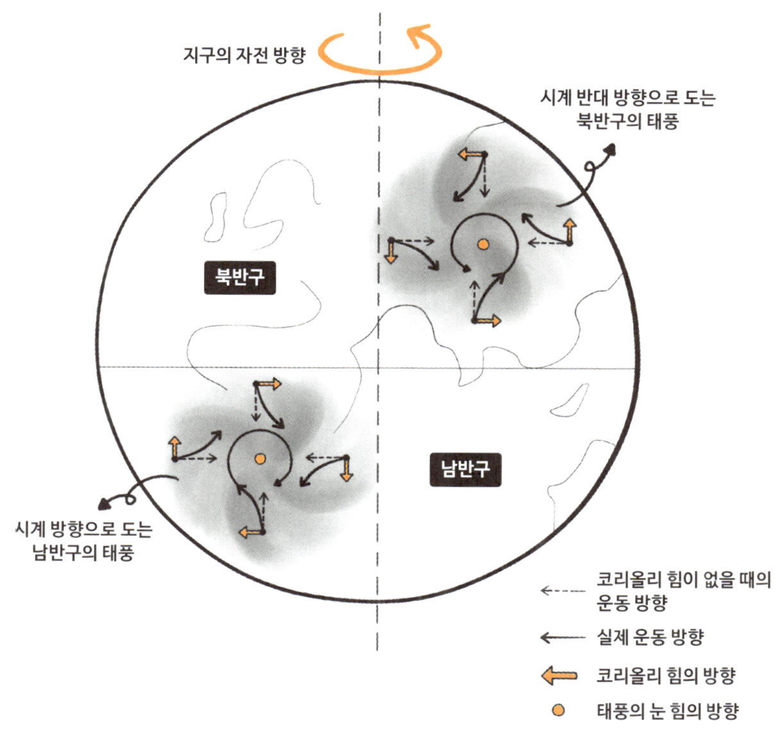

Q 비가 내리면 나비는 어디로 갈까?

　대부분의 생명체는 비가 내리면 비를 피할 곳을 찾아요. 나비 역시 가까이 있는 꽃이나 나무 아래로 가서 비를 피합니다. 나뭇잎이나 꽃잎의 아래에서 날개를 접고 있으면 물에 젖지 않으니까요. 나비의 날개는 마이크로미터나 나노미터 크기의 비늘이 쌓여 있는 표면 구조와 비늘 사이사이에 있는 공기층으로 강한 소수성을 띠고요. 방향에 따라 젖는 정도가 달라요. 이 때문에 날개가 물방울을 특정 방향으로 흘려보낼 수 있어서 몸이 젖지 않는 것이지요.

하지만 몸이 젖지 않는다고 해서 나비가 빗속을 자유자재로 날 수 있는 것은 아닙니다. 나비에게 굵은 물방울의 무게는 그야말로 생명에 위협이 될 수준이에요. 이슬비가 내린다면 풀숲 사이로 날아다닐 수 있지만, 빗방울이 굵어지면 반드시 비를 피할 곳을 찾아야 하지요.

Q 왜 눈을 밟으면 뽀드득 소리가 날까?

조금만 주의를 기울여 보면 아무도 밟지 않은 포슬포슬한 눈밭을 밟을 때 뽀드득 소리가 더 잘 들린다는 것을 알 수 있어요. 하지만 눈이 녹기 시작한 뒤에 뽀드득 소리는 더는 크게 들리지 않죠. 갓 내린 눈은 상대적으로 성기게 쌓여 있어서 안쪽에 텅 빈 작은 공간과 틈이 많거든요. 이때 눈밭을 밟으면 사람의 무게가 안쪽 공간을 무너뜨리면서 눈 사이의 틈을 메우기 때문에 덩어리가 비교적 큰 눈송이들이 마찰하면서 뽀드득 소리가 나는 거예요. 반대로 한 번 밟아서 안쪽 공간이 이미 사라진 눈은 또 밟아도 소리가 잘 나지 않겠지요.

Q 기화하려면 열을 흡수해야 한다. 열역학 제2법칙에 따르면 열은 온도가 높은 물체에서 낮은 물체로 전달된다고 한다. 어떻게 물이 주변 환경보다 온도가 높아도 증발할 수 있을까?

기화할 때 열을 흡수해야 한다는 말보다 기화하는 입자가 액체의 열 에너지를 가져가야 한다는 말이 더 정확합니다. 액체가 기화하는 물리적 과정을 떠올려 볼게요. 액체 속에 있는 분자들은 쉴 새 없이 움직이고 있어요. 어떤 입자는 움직임이 더 빠르고 어떤 입자는 더 느리게 움직이죠. 움직임이 빠른 분자는 액체 표면의 분자가 끌어당기는 힘보다 운동 에너지가 더 커서 쉽게 액체 표면을 뚫고 나가 기체로 변할 수 있어요. 그렇다면 남아 있는 것은 움직임이 느린 분자들뿐이겠지요.

증발은 움직임이 빠른 분자는 달아나고 움직임이 느린 분자만 남는 과정으로 볼 수 있습니다. 거시적 관점에서 보면 이때 액체의 온도는 시간이 지날수록 떨어져요. 액체가 외부와 열을 교환하지 않아도 물 분자 중 일부는 액체 표면에 있는 물 분자가 끌어당기는 힘을 떨쳐 내고 기체가 된다는 것을 알 수 있지요. 그래서 물이 주변 환경보다 온도가 높아도 증발할 수 있는 거예요.

이러한 현상은 일상에서도 흔히 볼 수 있어요. 팔팔 끓인 물을 컵에 따랐을 때, 그 물은 주변보다 온도가 높지만 증발이 일어나잖아요. 이것은 열역학 제2법칙과 모순되는 것이 아니랍니다. 지금까지 설명한 원리를 정리해 보면 기화할 때 '흡수'하는 열은 주변 환경에서 흡수하는 것이 아니라, 액체 스스로 가지고 있던 에너지라는 것을 알 수 있어요.

Q 과냉각수와 과열수의 원리는 무엇일까? 환경이 갑자기 달라졌을 때 액체 상태인 물이 얼거나 끓는 이유는 무엇일까?

'과냉각수'는 온도가 어는점보다 낮은 물, '과열수'는 온도가 끓는점보다 높은 물을 말합니다. 열역학적계(system)는 언제나 자유 에너지가 가장 낮은 상태를 선호해요. 즉, 열역학적인 관점에서 액체가 얼거나 끓는 것은 기존 액체 상태의 자유 에너지보다 고체나 기체 상태가 더 낮은 자유 에너지를 갖는 온도에 이르렀을 때 자발적으로 물질의 상태가 바뀌는 현상이라고 할 수 있어요.

오직 물 분자로만 이루어진 완벽하게 균질하고 완벽하게 순수한 결정을 이루는 얼음이 만들어지는 과정을 생각해 보세요. 더 낮은 자유 에너지를 갖도록, 아보가드로 수(약 6.02×10^{23} 개)만큼 엄청나게 많은 물 분자들이 무질서하게 운동하며 상호작용하다가 물질 전체가 매우 균질한 상태로 바뀌어야 하겠죠. 이런 변화가 생기는 것은 매우 어려운 일이라 현실에서는 쉽게 찾아볼 수 없답니다. 이것이 상태가 변할 때 '핵'의 역할을 하는 작은 불순물들이 필요한 이유예요.

물이 어는 과정을 예로 들어 볼게요. 얼음 결정은 한순간에 불쑥 나타나는 것이 아니라 물이 서서히 얼면서 만들어집니다. 이때 핵의 역할을 하는 다양한 미세 입자 불순물들이 물속에 퍼져 있어요. 불순물이 있는 물이 얼기 위해서는 전체 구조가 균질할 필요가 없고, 얼음이 어는 조건이 까다롭지 않아서 어는점 온도에 도달하면 쉽게 얼음이 생길 수 있어요.

지금까지 말한 내용을 정리해 봅시다. 과냉각 혹은 과열 상태의 물은 상태변화가 일어날 때 불순물의 도움을 받아야 해요. 환경이 갑자기 달라졌을 때 불순물이나 작은 기포가 흘러드는데, 그것이 순식간에 액체의 상태변화를 이끌어 내는 거예요.

Q **물의 온도가 4℃보다 낮을 때는 온도가 올라가도 오히려 부피가 작아진다. 그 기준점은 왜 4℃일까?**

표준 대기압에서 0℃의 물은 고체인 얼음, 얼음과 물의 혼합물, 액체인 물,

이렇게 세 가지 상태로 존재할 수 있습니다. 0℃의 얼음에 계속 에너지를 가하면 0℃ 그대로 얼음과 물이 섞인 상태가 되었다가 이내 0℃의 물이 되지요. 그 후 계속 에너지를 가하면 그제야 물의 온도가 올라가고요.

그 밖에도 물에 가해진 에너지는 분자들 사이의 수소 결합이라고 부르는 상호작용에도 영향을 줍니다. 수소 결합은 방향성을 가지고 있어 물 분자들이 서로 상대적인 위치에서 일정한 간격을 두고 배열하도록 만들어요.

물이 얼음이 되면 물 분자들은 수소 결합으로 이어지면서 결정격자 구조를 이룹니다. 수소 결합은 방향성을 가지고 있기 때문에 물 분자는 아주 질서정연하게 배열돼요. 여럿이 체조할 때 두 팔을 벌려서 최소한의 거리를 유지하는 것처럼 말이지요. 그렇지 않으면 상대방을 때릴 수도 있잖아요. 이렇게 물 분자 사이의 공간이 제법 넓다 보니 얼음은 같은 질량의 물보다 부피가 큰 거예요.

얼음의 융해열은 6.02kJ/mol이고 수소 결합을 끊기 위해 필요한 에너지는 13.8kJ/mol입니다. 얼음의 수소 결합을 끊어낼 때 필요한 에너지가 얼음이 융해할 때 필요한 에너지보다 3배 이상 많죠. 이를 통해 얼음이 녹아 0℃의 물이 되더라도 여전히 수소 결합이 꽤 많이 유지된다는 것을 알 수 있어요.

물 분자들은 수소 결합을 통해 팀을 짭니다. 각 팀은 준비 체조를 마치고 단체전 게임을 시작한 것처럼 다른 팀과 함께 뛰어다녀요. 이때 같은 팀 분자들끼리는 여전히 일정 간격을 유지하지만, 팀과 팀 사이에는 간격 제한이 없어서 더 가까이 다가갈 수 있지요. 그래서 얼음이 물이 되면 부피가 줄어드는 거예요.

에너지를 계속 가하면 물은 온도가 높아지기 시작하고, 같은 팀이던 물 분자들이 여러 개의 팀으로 쪼개지는 것처럼 수소 결합이 하나둘 끊어집니다. 부피는 더욱 줄어들지요. 하지만 온도가 올라가면 물 분자의 열운동이 가속

화돼요. 날씨가 더우면 친구들과 붙어 있기 싫은 것처럼 분자들도 서로 멀어질 테니 부피가 늘어나겠지요.

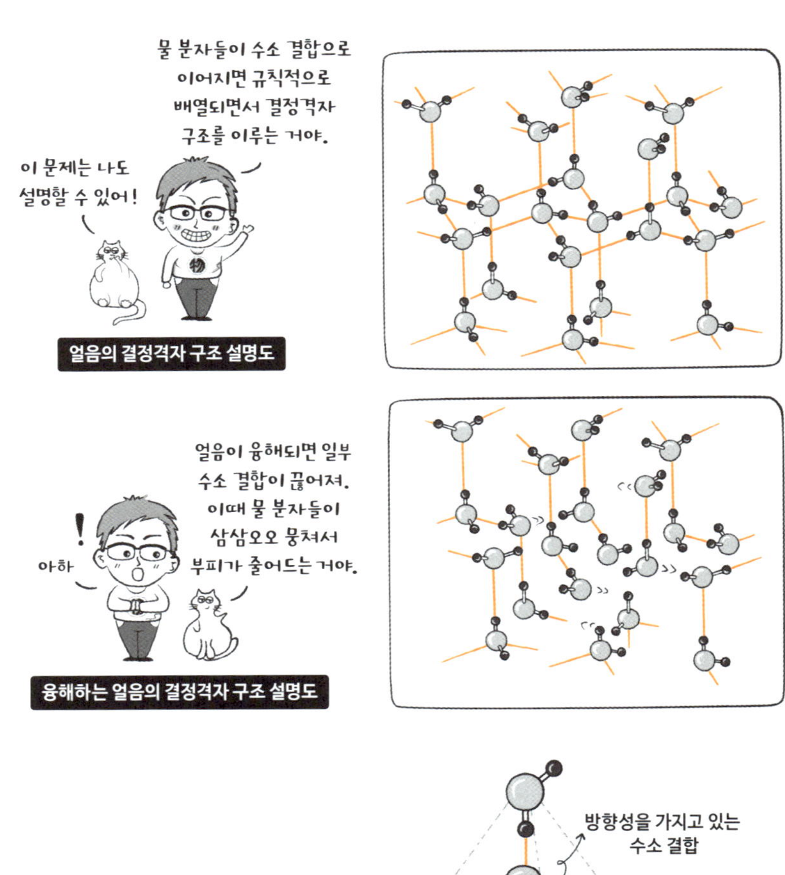

점점 활발해지는 열운동과 수소 결합이 끊어지는 과정은 서로 충돌하다가

4℃에서 평형을 이룹니다. 물의 온도가 0~4℃에서는 수소 결합이 끊어지는 과정의 영향력이 더 커서 온도가 올라갈수록 부피가 작아져요. 반대로 물의 온도가 4℃보다 높아지면 열운동의 영향력이 더 커져서 다른 물질들처럼 온도가 올라갈수록 부피가 더 커지는 거죠.

Q 물은 왜 상온에서도 증발할까? 그럼 물의 끓는점이 100℃가 아닌 걸까?

위대한 물리학자인 리처드 파인먼이 남긴 아주 유명한 명언이 있어요. 수천 년의 물리학 연구 중 가장 중요한 성과 하나를 골라 후대에 남겨야 한다면 다마 "모든 물질은 보이지 않는 작은 입자로 이루어져 있고, 모든 입자는 끊임없이 운동한다"일 것이라고 말했지요. 이 명언으로 이번 질문의 문제를 완벽하게 설명할 수 있답니다.

물 분자는 끓는점에 도달했는지와 관계없이 한시도 쉬지 않고 운동합니다(참고로 물의 끓는점이 항상 100℃인 것은 아니에요. 1기압보다 낮은 압력에서는 물으 끓는점이 100℃보다 낮아져요). 물 표면 가까이에 있는 분자 중에 물 분자 사이의 인력보다 큰 운동 에너지를 가진 분자는 매 순간 공기 중으로 빠져나갑니다. 이런 일은 어느 온도에서나 일어나요.

동시에 공기 중의 수증기가 물속으로 들어와 액체가 되기도 합니다. 공기 중에 수증기가 가득 차면 오히려 물이 더 많아지기도 해요. 이 현상을 액화 혹은 응결이라고 하죠. 우리 눈에 보이는 '증발'이라는 현상은 물 분자가 나가고 들어오는 두 운동이 경쟁한 끝에 나온 결과물이랍니다.

공기 중에 수증기가 가득 차지 않았다면 물이 가만히 컵에 담겨 있어도 양은 서서히 줄어들어요. 공기 중으로 빠져나가는 물 분자는 많지만, 물속으로 들어오는 물 분자는 적으니까요. 여기서 중요한 것은 분자가 나가고 들어오는 과정이 액체 표면에서만 일어난다는 점이에요. 액체가 끓는점에 도달해야 기체가 액체로 변하는 움직임이 액체의 모든 곳에서 일어납니다. 그래서 물이 끓을 때 더욱 빨리 줄어드는 것이지요.

얼음 속에 있는 흰색 덩어리는 무엇일까? 이 흰색 덩어리를 없앨 수 있을까?

무더운 여름에 콜라를 마실 때 얼음을 띄우면 훨씬 시원하지요. 우리가 집에서 얼음을 만들다 보면 그 안에 동글동글한 작은 흰색 덩어리가 생기곤 하는데, 구름 낀 얼음이라는 뜻에서 '클라우디 아이스'(cloudy ice)라고 합니다. 얼음에 '구름'이 생기는 이유는 크게 세 가지로 나눌 수 있어요.

첫째, 물에 일정량의 기체가 녹아 있는 경우예요. 물을 얼리는 과정에서 이 기체를 빼내지 않으면 얼음이 되었을 때 작은 기포들이 생기는 것이지요.

둘째, 물이 어는 속도가 너무 빠르면 작은 결정이 많이 생겨요. 이 결정들 사이의 빈 공간이 얼음을 하얗게 만드는 거예요.

셋째, 물에 무기염류와 같은 불순물이 녹아 있어도 그럴 수 있어요. 불순물은 물에는 잘 녹지만 얼음에는 녹지 않을뿐더러 얼음이 될 때 밖으로 빠져나오지도 못하거든요. 물은 밖에서 안으로 얼기 시작해요. 이때 불순물은 점점 얼음 안쪽으로 밀려들어 가고, 결국 무기염류 수화물이 되어서 얼음 안쪽에 하얗게 보이는 거랍니다.

물을 얼릴 때 세 가지 요소를 해결한다면 얼음 속에 하얀 덩어리가 생기는 것을 막을 수 있을 거예요. 물을 끓여서 물속에 녹아 있는 기체를 최대한 빼주거나 온도를 천천히 떨어뜨려서 물이 어는 속도를 조절해 얼음 결정이 여러 개로 나뉘지 않게 하면 돼요.

그리고 가능한 한 무기염류가 녹아 있지 않은 순수한 물을 얼려서 얼음을 투명하게 만들 수 있어요. 혹은 이미 흰색 덩어리가 생겼다면 얼음을 반으로 쪼개서 가운데에 몰려 있는 무기염류 수화물을 걷어 내면 되겠지요. 걷어 내면 없어지는 거나 마찬가지니까요. 얼음 공장에서는 얼음을 투명하게 만들기 위해 다양한 방법을 사용합니다. 기술력의 차이가 있을 뿐, 앞서 설명한 방법들에서 벗어나지 않아요.

Q 수심이 얼마나 깊어야 액체인 물이 수압을 받아 고체로 변할까?

우선 물의 상평형 그림을 살펴볼게요. 참고로 그래프에서 세로축은 로그스 커일(한 칸이 균일하지 않고 10배씩 커짐)이에요. 다음 그림을 통해 알 수 있듯이 상온에서 물을 고체 상태로 만들려면 약 1GPa(기가파스칼)의 압력이 필요합니다. 수심이 얼마나 깊어야 이 정도의 압력이 생기는지 계산해 보면 되겠지요.

물의 밀도를 1,000kg/m³, 중력가속도를 10N/kg이라고 가정했을 때, 액체의 압력을 구하는 공식 'P=ρgh'를 통해 수심이 10만 m가 되어야 물이 고체로 변한다는 것을 알 수 있습니다. 지구에서 수심이 가장 깊다고 알려진 마리아나 해구로도 10만 m의 수심을 만들기에는 한참 부족해요. 마리아나 해구가 1.1만 m 정도 되니까 수압을 이용해 액체를 고체로 만들려면 마리아나 해구를 아홉 겹으로 쌓아야 가능한 것이지요.

여기서 한 가지 알아야 할 사실은 앞서 말한 10만 m는 가정을 통해 계산한 결과라는 거예요. 실제로 필요한 물의 깊이는 그보다는 낮을 겁니다. 물의 밀도가 일정하지 않고 압력이 커질수록 더 늘어나기 때문이에요. 쉽게 말해서 물이 압축되는 거죠. 보통 물은 거의 압축되지 않는다고 하지만 문제에서 말한 것과 같은 극단적인 조건에서는 물의 밀도 변화까지 고려해야 합니다. 0℃에서 압력을 1GPa까지 높이면 물의 밀도는 아마 1,200kg/m³를 넘을 거고 조금 더 복잡한 계산이 필요합니다.

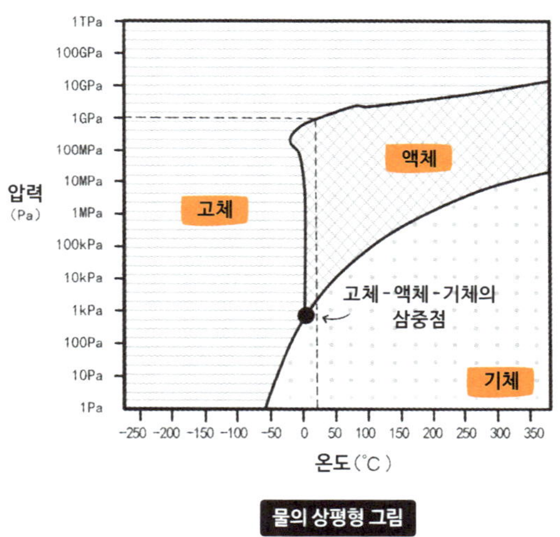

물의 상평형 그림

Q **왜 손 씻을 때 수도꼭지를 약하게 틀면 물이 투명해 보이고,
세게 틀면 물이 불투명한 흰색으로 보일까?**

이런 현상이 관찰되는 첫 번째 이유는 손 씻는 데 집중하지 않고 수도꼭지에서 나오는 물만 쳐다봤기 때문이에요! 다시 진지하게 답변해 보자면, 순수한 물이라면 투명도와 흐르는 속도는 아무 관계가 없어요. 순수한 물은 아무리 빠른 속도로 흘러도 똑같이 투명하거든요. 물론 여기서 말하는 '빠른 속도'는 일상에서 볼 수 있는 일반적인 수준을 말해요. 그렇다면 왜 수도꼭지에서 나오는 물이 하얗게 보일까요?

대부분의 수도꼭지 입구에는 금속 격자가 붙어 있습니다. 큰 불순물을 걸러내기 위한 장치지만 그런 불순물이 나올 일은 거의 없죠. 물이 느리게 흐르면서 금속 격자를 통과할 때 물의 흐름은 층류(유체의 규칙적인 흐름)의 형태에 가까워요. 쉽게 말해서 물이 질서 있게 한 줄기 한 줄기 흐르는 것이지요. 그러면 큰 공기 덩어리를 부수지 못하고 공기가 물에 들어가지 못해 물속에 기포가 거의 없어요. 게다가 적은 기포마저 금속 격자에 달라붙으면서 빠져나가 버립니다. 다시 말해 물속에 스며든 불순물이 많지 않아서 계속 투명하게 보이는 거예요.

반대로 물이 빠르게 흐르면서 금속 격자를 통과하면 물의 흐름은 난류가 되고, 와류(전체 흐름에 반대 방향으로 생기는 소용돌이)에 공기가 끌려오면서 작은 기포들이 생기게 됩니다. 이 기포들은 구체적으로 어떤 원리를 통해 물을 하얗게 만드는 걸까요?

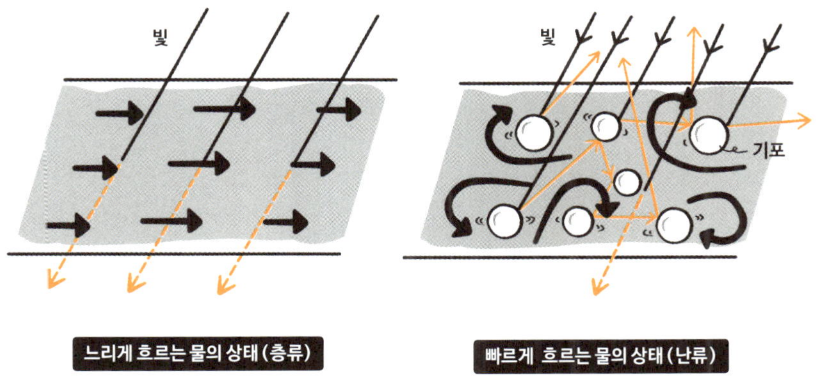

느리게 흐르는 물의 상태 (층류)　　　　**빠르게 흐르는 물의 상태 (난류)**

빛이 순수한 물에 들어오면 불순물이 없어서 막힘없이 통과할 수 있습니다. 느리게 흐르는 물은 계속 투명하게 보이지요. 하지만 물에 작은 기포들이 많다면 빛은 기포의 표면에 부딪혀 반사되거나 굴절돼요. 그럼 반사광이 불규칙적으로 튕겨 나가겠지요. 빛이 여러 번 반사되고 굴절되다 보면, 물을 그대로 통과하는 빛은 줄어들 수밖에 없어요.

앞의 그림은 느리게 흐르는 물과 빠르게 흐르는 물에 들어간 빛의 경로를 보여 줍니다. 실제로 오른쪽 그림의 빛이 지나는 경로가 훨씬 복잡하지요.

여러분, 혹시 눈치챘나요? 오른쪽 그림에서 빛의 경로를 보면 무엇이 떠오르나요? 바로 난반사(울퉁불퉁한 표면에서 빛이 여러 방향으로 반사되어 나가는 것)입니다! 작은 기포가 들어오면 물이 난반사를 일으키는 것처럼 보여요. 그래서 물은 마치 종이처럼 흰색으로 보이지요.

문제의 핵심은 바로 수도꼭지 입구에 붙어 있는 금속 격자에 있습니다. 만약 격자를 없애면 물이 하얗게 보이는 현상이 눈에 띄게 줄어들 거예요. 그럼에도 소량의 기포들이 계속 생겨서 물이 하얗게 보인다면 수도꼭지 안쪽 배관의 표면이 고르지 않다고 의심할 수 있습니다.

 지구를 얼리면 온실 효과가 나아지지 않을까?

지구를 잠시 얼린다 해도 온실 효과는 나아지지 않습니다. 우선 온실 효과가 어떻게 생기는지 간단히 설명해 볼게요. 지구가 사람이 살기 좋은 적정한 온도를 유지할 수 있는 것은 햇빛이 주는 에너지 덕분이기도 하지만 대기가 아주 중요한 보온 기능을 해 주기 때문이기도 합니다.

이러한 보온 기능은 주로 대기의 역복사에 의해 나타나요. 햇빛은 보통 지면을 향해 상대적으로 짧은 파장의 복사를 내보내고요. 열을 흡수한 지면은 대기를 향해 다시 비교적 긴 파장의 복사를 내보냅니다. 이때 지면에서 대기로 방출된 긴 파장의 복사 중 일부는 대기권 밖으로 흩어지고, 나머지는 반사돼서 다시 지면으로 돌아와 적정한 온도를 유지하게 해 주는 것이지요. 바로 대기의 역복사입니다.

대기 중의 온실가스, 예를 들어 이산화탄소나 메테인과 같은 물질은 긴 파장의 복사를 잘 흡수해요. 참고로 이산화탄소 분자는 $4\mu m$(마이크로미터) 파장의 적외선을 흡수합니다. 대기 중에 온실가스가 많아지면 원래 대기권 밖으로 빠져나갔어야 할 열이 지구에 남게 되고, 지구 전체의 평균 온도가 높아지는 거예요.

산업혁명 이후 대기 중의 이산화탄소 농도가 급격하게 높아졌지만, 지구의 자체적인 탄소 순환 시스템으로는 그 많은 이산화탄소를 처리할 수 없다 보니 지표면의 온도와 대류권의 온도가 계속 올라가고 있어요. 더구나 지구 온난호·로 바다는 pH가 낮아져 산성을 띠고, 침전물 형태로 바다에 쌓여 있던 이산·화탄소가 밖으로 새어 나오면서 지구 온난화를 더욱 가속시키고 있지요. 이런 현상은 지구가 계속 두꺼워지는 솜옷을 입고 있는 것이나 마찬가지예요. 지구를 잠시 얼리는 것은 언 발에 오줌 누기일 뿐이고 '솜옷'을 벗기는 것이야말로 근본적인 해결책이 되겠지요. 환경을 보호하고 에너지를 절약하는 동시에 배기가스를 줄여야 합니다. 우리 당장 실행에 옮기자고요!

Q 지구의 자기장을 이용해 전기를 만들 수 있을까?

가능합니다. 폐회로를 이루는 도선이 자기력선을 통과하면 전자기유도에 의해 도선에 유도기전력이 생깁니다. 1992년, 미국은 우주왕복선 아틀란티스호를 이용해 지구 자기장으로 전기를 만드는 실험을 한 적이 있어요. 우선 적도에서 대략 3,400km 떨어진 지점에 위성을 하나 띄운 다음, 그 위성과 아틀란티스호를 약 20km 길이의 금속선으로 연결합니다. 그리고 아틀란티스호가 비행하면서 자기력선을 통과하자 약 3A(암페어)의 전류가 발생했지요.

　이처럼 지구 자기장으로 전기를 만드는 것은 가능하지만 전기를 만들겠다고 이런 방법을 쓰는 것은 너무 비효율적이에요. 지구에서 자기장이 가장 강한 곳은 남극 근처고 강도는 약 68μT(마이크로테슬라)입니다. 그 지점에서 두 사람이 10m 길이의 금속선을 잡고 가볍게 3m/s의 속도로 얼음판을 뛰어다니면 약 0.002V(볼트)의 전압이 만들어지죠. 겨우 이 정도의 전압으로는 번쩍이는 번갯불조차 만들 수 없어요.

Q **번개는 얼마나 멀리 떨어져 있는지와 관계없이 우리 눈에는 항상 가늘게 보인다. 번개의 실제 굵기는 어느 정도일까?**

　번개는 구름과 구름 사이나 구름과 땅 사이, 혹은 구름 속에서 나타나는 아주 강력한 방전 현상을 말합니다. 번개의 굵기는 섬전암(閃電巖, Fulgurite)을 통해 대충 짐작할 수 있어요. 섬전암은 가운데가 뚫린 기다란 유리관 형태의 돌덩어리예요. 규소가 풍부한 땅에 번개가 떨어지면 좁은 공간에 방대한 에너지가 한 번에 밀려들면서 순간적으로 온도가 급격하게 높아지죠. 모래 속 광물들이 짧은 시간 안에 어떤 규칙을 가지고 융해와 기화 과정을 거쳐 주변 물질을 흡착한 다음, 전류가 흐른 길을 따라 냉각된 것이 바로 섬전암이랍니다. 섬전암은 대부분 길쭉한 모양이고 번개가 지나간 통로와 비슷하다고 볼 수 있어요.

　번개 줄기의 지름은 보통 2~5cm고, 그림 속 섬전암의 지름은 1cm 정도예요. 반면 번개가 치기 전에 먼저 만들어지는 전류의 통로는 지름이 보통 20cm 정도입니다. 다만 앞서 설명했듯이 밝기가 떨어져 우리 눈에 잘 보이지 않아요.

너, 너, 너무 빠르잖아!
냐옹!

미션 완료!
다음 단계로 출발!

물리 군이 성심성의껏 게시판에 답을 남기는 사이 그의 뒤쪽으로 어느새 수많은 사람이 몰려 와 있었다.

"궁금한 것이 있어서 학생한테 직접 물어보려고 왔어요!"

물리 군은 마지못해 사람들의 질문에 일일이 대답해 주었다.

"실력이 대단하시네요. 우리 기상과학관에서 일해 볼 생각 없어요?"

물리 군이 목소리가 들리는 쪽으로 고개를 돌리자 인사팀 담당자가 서 있었다.

"일하고 싶은 마음은 굴뚝같지만, 반드시 마무리해야 하는 일이 있거든요. 혹시 물리 대학교로 가는 방법을 아시나요?"

"저희 기상과학관이 물리호 우주정거장에 있는 천문관과 손을 잡고 우주 엘리베이터를 개발했답니다. 아직 시험 운행 중인데, 용기가 있다면 한번 타 보세요!"

"과학자가 가장 겁내지 않는 것이 바로 도전이지요. 제가 살던 세계에서는 아직 그런 최첨단 교통수단을 개발하지 못했는데, 제가 한번 용기를 내 볼게요!"

쿨리 군은 인사팀 담당자를 따라 우주 엘리베이터 정류장으로 향했다.

우주에서 만난 물리

일곱 번째 미션 시작!

로프에 달린 우주 엘리베이터가 서서히 위로 올라가기 시작했다. 물리 군은 눈을 동그랗게 뜬 채 생전 처음 보는 아름다운 모습을 감상했다. 백 번 듣는 것보다 한 번 보는 것이 낫다는 말은 이럴 때 쓰는 것일 테다. 우주는 무척 드넓고 오묘했다.

"천문관에 도착했습니다. 조심히 내리십시오."

우주 엘리베이터에서 안내 방송이 흘러나오자 물리 군은 정신이 번뜩 들었다. 엘리베이터 문이 열리고 눈앞에 긴 통로가 펼쳐졌다. 물리 군과 슈냥이는 무엇이 그들을 기다리고 있는지 모르는 채 통로를 걸었다.

"물리호 우주정거장의 천문관에 오신 것을 환영합니다!"

불쑥 들려온 목소리에 슈냥이가 화들짝 놀라 털을 꼿꼿이 세웠다. 물리 군이 주위를 두리번거렸지만 사람의 그림자도 보이지 않았다. 속으로 생각했다.

'방금 누가 말한 거지?'

"저는 우주정거장 천문관의 인공지능 안내원입니다. 여러분의 즐거운 우주여행을 위

"

해 제가 안내하겠습니다."

물리 군의 속마음을 읽은 듯한 인공지능 목소리가 물리 군의 발걸음에 맞춰 대답했다. 물리 군이 창밖을 내다보자 마침 한 우주 비행사가 우주를 거닐고 있었다. 그 우주 비행사 역시 물리 군을 봤는지 물리 군을 향해 손을 흔들었다. 그때, 인공지능 안내원의 목소리가 다시 한번 고요한 적막을 깨고 울려 퍼졌다.

"이번 우주여행은 상호 소통 방식으로 진행하려고 합니다. 이 방식을 통해 우리는 천문학 지식을 배우는 즐거움을 함께 느낄 수 있을 거예요. 상호 소통 방식을 원하면 아무 말씀이나 해 주시고, 원하지 않으면 가만히 있으시면 됩니다."

물리 군이 뭐라 대답하기도 전에 불쑥 "냐아옹!" 소리가 들렸다. 아니나 다를까, 성질 급한 슈냥이가 먼저 대답한 것이었다.

"좋습니다. 우주여행이 진행되는 동안 제가 틈틈이 문제를 낼 테니 이곳 천문관에서 그 문제의 답을 찾으시기 바랍니다."

Q 진공 상태에서도 저항력이 있을까?

진공을 정의하는 기준은 다양해요. 이 문제에서는 진공을 공기 분자가 없는 상태로 한정할게요. 알다시피 물체는 공기 중에서 운동하면서 기체 분자와 부딪칩니다. 부딪치는 과정에서 기체 분자와 물체가 운동량을 교환하는데, 이것을 공기저항이라고 볼 수 있어요. 만약 공기가 없다면 부딪칠 일이 없으니 공기저항도 없겠지요.

공기 분자가 없는 진공 상태라고 해서 아무것도 존재하지 않을까요? 그렇지 않아요. 공기 분자가 없어도 '장(場, field)'이 저항력을 가할 수 있습니다. 장도 물질과의 상호작용을 통해 운동에 영향을 줄 수 있어요. 발전기의 코일이 자기장 안에서 회전할 때 자기장의 저항을 받는 것은 흔히 볼 수 있는 현상이지요. 이를 이용해 역학적 에너지를 전기 에너지로 전환해서 전기를 얻을 수 있어요. 또한 헬스장에서 볼 수 있는 실내 자전거는 부하를 높이기 위해 전자 감쇠 시스템을 사용합니다. 이것 역시 전기장에서 저항력이 생기는 예로 볼 수 있어요.

Q 지면에서 물체의 운동을 연구할 때, 왜 지구나 다른 천체의 만유인력은 고려하지 않을까?

지구의 만유인력은 당연히 고려해야 합니다. 지표면에서 중력가속도는 약 $9.8m/s^2$로, 이는 물체를 끌어당기는 지구의 만유인력으로 생겨요. 지면에 있는 물체가 받는 힘을 분석할 때는 어떤 경우에도 지구 중력을 무시할 수 없습니다. 하지만 다른 천체가 끌어당기는 인력은 일반적으로 다른 외력에 비해 너무나 작아서 운동에 영향을 미치지 못하지요. 예를 들어 지구 표면에서 태양의 만유인력으로 인한 중력가속도는 '$6.0 \times 10^2\,m/s^2$', 달의 중력가속도는 '$3.4 \times 10^2\,m/s^2$'예요. 다른 천체는 그보다 훨씬 작거든요. 그래서 물체가 받는 힘을 분석할 때 다른 천체의 인력은 대부분 무시하는 거예요.

밀물과 썰물 같은 대규모 지리적 현상에서는 태양과 달의 인력이 아주 중요한 역할을 합니다. 태양과 달의 인력이 지속적으로 방향을 바꾸면서 특정 지점의 수심이 몇 미터에서 많게는 수십 미터까지 달라지거든요. 이것은 달과 태양의 인력으로 생기는 현상이라서 바다가 받는 힘을 분석할 때 태양과 달의 인력을 절대 무시할 수 없어요.

Q 중력가속도는 왜 위도가 높아질수록 커질까?

이 문제에서는 지구가 완전한 구체라고 가정할게요. 지구가 돌지 않는다면 중력가속도는 지구의 어느 곳에서나 같을 뿐만 아니라 지구가 사람을 잡아당기는 힘으로 발생하는 가속도와 똑같을 거예요.

지구가 자전축을 기준으로 돌면 중력가속도는 위도에 따라 달라집니다. 지구가 자전할 때 지면에 서 있는 사람도 지구를 따라 원운동을 하기 때문이 죠. 알다시피 원운동을 하려면 구심력이 필요하고, 구심력은 지구가 당기는 만유인력의 분력으로 만들어져요.(주: 지표면에서 경험하는 중력은 지구가 당기는 힘에서 자전에 의한 구심력으로 활용되는 만큼을 제외한 나머지입니다. 이때 지구가 당기는 힘 역시 물리학적으로 중력이지만, 일반적으로 지표면에서 경험하는 중력과 구분하기 위해 '만유인력'이라고 구별하여 표현합니다.) 원운동에 필요한 구심력은 '$m\omega^2 R$' 공식을 통해 계산할 수 있습니다. 여기서 R은 사람이 서 있는 곳에서 자전축까지의 거리로, 위도가 달라지면 각속도 ω가 같더라도 R은 달라져요. 지구가 자전해도 돌지 않는 남극과 북극은 'R=0'이에요. 이때 만유인력은 원운동에 필요한 구심력을 만들기 위해 나눠질 필요가 없어서 오롯이 중력가속도를 만드는 데만 쓰이지요. 그래서 남극과 북극의 중력가속도는 최대치가 되는 거예요.

적도에서는 원운동의 반지름이 최대이기 때문에 더 큰 구심력이 필요합니다. 다시 말해 만유인력의 분력이 더 많이 필요하기 때문에 만유인력의 또 다른 분력(그림에서 회색 화살표)이 만들 수 있는 중력가속도가 줄어들 수밖에 없어요. 그래서 적도에서는 중력가속도가 상대적으로 약한 거예요.

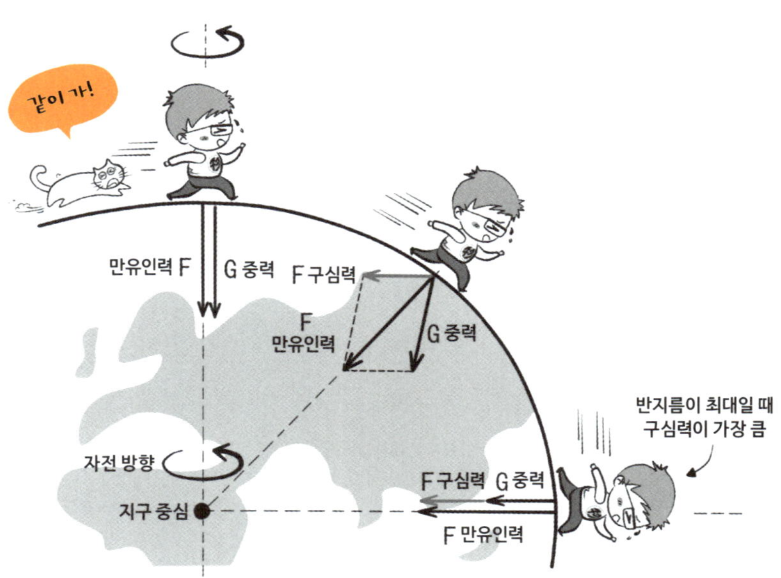

지구를 에워싸고 있는 우주 쓰레기나 지구 위성이
우리가 햇빛을 받는 데 영향을 미칠까?

우주 쓰레기가 지구로 들어오는 햇빛에 영향을 미칠 수 있어요. 하지만 평범한 사람들의 일상에 영향을 미칠 만한 수준은 아니라서 우리는 우주 쓰레기의 존재를 느끼지 못하죠.

현재 추정되는 우주 쓰레기의 양을 기준으로 우주 쓰레기의 영향력에 관해 설명할게요. 우선 우주 쓰레기는 스스로 빛을 내지 못하고 태양 등 다른 광원의 빛을 반사합니다. 낮에는 햇빛이 워낙 강한데다 우주 쓰레기가 반사하는 빛은 햇빛의 모조품이라서 당연히 밝기가 떨어질 수밖에 없어요. 밤에도 하늘을 올려다보면 보통 달과 별만 보이잖아요. 도시에서 나오는 광공해에 비하면 우주 쓰레기의 빛은 무시해도 될 수준이에요.

우주 쓰레기는 스스로를 태우는 방법으로도 빛을 낼 수 있습니다. 비교적 낮은 궤도에 있는 우주 쓰레기는 공기저항을 받아서 움직이는 속도가 서서히 느려지고 결국 지구로 떨어지는데요. 이때 우주 쓰레기의 추락 속도가 무척 빠르다 보니 대기와 마찰해 열이 발생해요. 그 결과, 불이 붙은 우주 쓰레기가 유성처럼 떨어지지요. 이 현상은 사람의 눈으로도 관찰할 수 있어요.

우주 쓰레기가 만들어 낸 광공해가 우리에게 미치는 영향력은 무시해도 될 수준이라고 했지만, 천문학에서 쓰는 정밀 기기에는 아주 큰 영향을 미칩니다. 미국의 천문학자 클리프 존슨이 천체를 관측하기 위해 찍은 사진을 보면, 위성이 지나가면서 남긴 빛의 흔적들 때문에 천체만 구분해서 보기 어려워요. 또한 칠레의 천문학자 클라라 마르티네스 바스케스는 수많은 '스타링크' 위성이 하늘을 가르며 날아가는 것을 목격했는데, 이때 스타링크 위성에 반사된 강렬한 빛이 고성능 카메라의 촬영마저 방해했지요.

우주 쓰레기는 여러 가지 안전사고를 일으킵니다. 국제 우주정거장이 아슬아슬하게 우주 쓰레기를 스쳐 지나간 일이 한두 번이 아니에요. 또한 1978년에는 소련의 원자력 위성이 캐나다에 떨어져서 그 지역의 방사선량이 기준을 크게 초과하는 사건이 일어났죠. 이처럼 우주 쓰레기가 굉장히 위험하다 보니 오늘날 세계 여러 나라들이 우주에 떠도는 위성의 잔해들을 철저히 감시하면서 레이저나 그물 등 다양한 기술을 이용해 우주 쓰레기를 처리하고 있어요.

만약 우주 쓰레기가 지구의 주변을 빈틈없이 에워싸면 어떻게 될까요? 당연히 지구에 햇빛이 들어오지 않겠지요. 당장은 우주 쓰레기가 지구를 빽빽이 에워싸진 않을까 걱정하지 않아도 돼요. 우주로 내보내는 것들은 전부 지구에서 만든 것이거든요. 우주 쓰레기로 지구의 주변을 빽빽이 에워싸는 '껍데기'를 만들려면 어마어마한 양의 재료가 필요한데, 지금 우리에게는 그만한 재료를 만들 수 있는 능력이 없답니다.

Q 하늘에 떠 있는 달은 왜 공 모양이 아니라 평면으로 보일까?

우리는 이 세계가 종이처럼 평평한 것이 아니라 입체적으로 존재한다는 것을 느낄 수 있어요. 두 눈이 외부에서 받아들인 정보가 대뇌를 거쳐서 나온 결과물을 통해 알게 된 사실이지요.

왼쪽 눈과 오른쪽 눈은 위치가 달라요. 위치 차이로 인해 우리가 어떤 장면을 봤을 때 왼쪽 눈과 오른쪽 눈이 인식한 장면은 미세하게 다르죠. 시각기관은 미세한 차이가 있는 두 장면의 대응점을 이용해 두 눈이 인식한 장면을 하나로 합치고, 대뇌에서는 입체적인 하나의 장면을 보여 줍니다. 만약 한쪽 눈을 감고 주변을 둘러본다면 나머지 한쪽 눈이 인식한 장면밖에 없기 때문에 물체의 입체감이 떨어지겠지요.

물론 우리는 그 입체감의 차이를 뚜렷하게 느끼지 못해요. 일상적으로 보고 접하는 장면들이 어떤 모습인지는 어느 정도 알고 있기 때문에 대뇌가 경험을 통해 장면을 처리해서 입체적으로 보여 주거든요. 반면에 달은 굉장히 멀리 떨어져 있잖아요. 우리와 달 사이의 거리에 비하면 두 눈은 같은 지점에 있는 것이나 마찬가지라서 두 눈이 인식한 장면에는 거의 차이가 없어요. 그 때문에 우리 눈에 보이는 달은 입체감이 떨어져서 공 모양이 아니라 평면으로 보이는 거예요.

 **왜 아침이나 낮에 달이 보이기도 할까?**

아침이나 낮에 달이 보이는 것은 보통 달, 지구, 태양의 상대적 위치에 달려 있습니다. 매일 같은 시간에 달을 관찰해 보면 지구를 도는 달의 위치가 한 달 동안 조금씩 달라진다는 것을 알 수 있어요. 그중 햇빛이 달에 큰 각도로 반사되어 지구로 들어온 날에만 낮에 지구에서 달을 볼 수 있답니다. 다음의 그림은 그 과정을 간단히 보여 주지요.

그림을 보면, 가운데에 지구가 있고요. 그 외곽을 도는 것은 달, 노란색 화살표는 태양에서 나온 빛을 가리킵니다. 태양이 지구에서 워낙 멀리 떨어져 있다 보니 지구로 들어오는 빛은 평행선에 가까워요. 그림에 달이 두 개 그려져 있지요. 이것은 각각 다른 날짜와 시간에 뜬 달을 뜻해요.

지구의 중심을 가르는 점선은 달의 명암 경계선이에요. 이 선을 기준으로 위쪽은 낮이고 아래쪽은 밤이지요. 오른쪽 위에 있는 슈냥이는 낮에 달을 볼 수 있고, 왼쪽 아래에 있는 슈냥이는 밤에 달을 볼 수 있어요. 반면 왼쪽 위에 있는 물리 군은 달이 보이지 않죠. 안 그래도 달이 반사한 빛의 각도가 너무 작고 밝기가 떨어지는데, 낮이라 주변이 밝다 보니 햇빛이 달빛을 가리거든요.

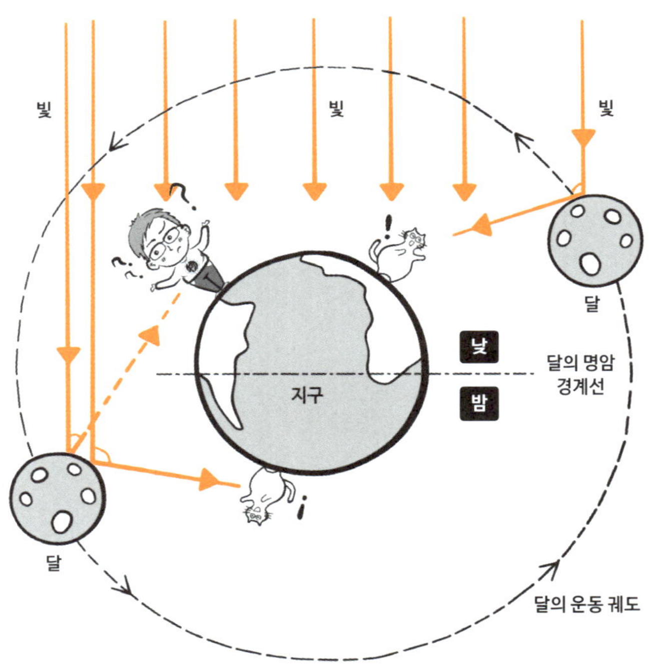

Q 블랙홀에 들어간 물질은 눈에 보이지 않아 블랙홀 내부를 관측할 수 없다. 양자 얽힘 상태의 두 입자 중 하나를 블랙홀에 넣고, 나머지 입자를 관측하면 블랙홀의 내부 정보를 알 수 있지 않을까?

이 질문은 아인슈타인, 포돌스키, 로젠이 발표한 'EPR 역설'의 변형인데

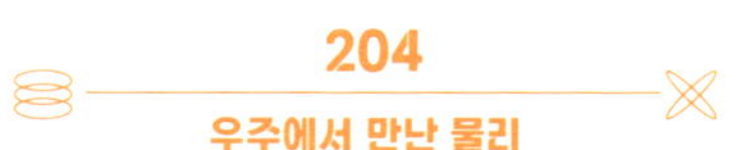

요. EPR 역설의 범위 안에서 이 질문에 대해 설명할 수 있습니다. 양자 얽힘 상태의 두 입자는 거리와 관계없이 한 입자를 관측해 다른 입자의 상태를 알 수 있어요. 즉, 블랙홀 속 입자의 정보를 알 수는 있죠. 하지만 그건 큰 의미가 없어요. 양자 얽힘을 이용할 필요도 없이 상태를 알고 있는 입자 하나를 블랙홀로 보내는 것과 다를 바 없죠.

정말 의미가 있으려면 블랙홀 내부와 정보 교환이 가능해야 합니다. 하지만 양자 얽힘으로도 정보를 전달할 수는 없어요. 양자 시스템의 측정 결과는 파동함수를 통해 계산되는 통계적 확률에 따라 결정되거든요. 다시 말해서 얽힘 상태의 두 입자는 거리와 관계없이 서로에게 영향을 주지만 한 입자를 관측했는지 안 했는지를 모르는 반대편에서 관측되는 '확률'은 달라지지 않아요.

예를 들어 볼게요. 양자 얽힘 상태의 두 입자를 각각 블랙홀 안에 있는 A와 블랙홀 밖에 있는 B에게 하나씩 보냈다고 상상해 봅시다. 이것이 실제로 가능한지는 따지지 않고, 일단 가능하다고 가정할게요. 우선 A가 자기 손에 들어온 입자의 물리량을 측정합니다. 이때 A가 측정하는 순간 두 입자로 이루어진 양자 시스템의 파동함수는 붕괴하고, B가 지닌 입자의 물리 상태도 결정돼요.

B는 A의 측정 결과를 다른 방법을 통해 전달받지 못하는 한 A의 입자가 어떻게 측정되었는지 알 수 없고, 여전히 B가 지닌 입자의 상태를 확률적으로만 알 수 있어요. B가 할 수 있는 것은 오직 입자를 관측하는 것뿐이죠. 그러면 B는 파동함수를 통해 계산되는 확률로 예상했던 측정 결과를 얻을 뿐이에요. A의 측정은 B가 가지고 있는 입자의 물리량의 기댓값에는 아무런 영향도 미치지 않습니다. B가 관측할 수 있는 모든 것이 달라지지 않는데 A가 보낸 정보를 받을 수 있을까요?

일반적으로 연소 반응에 필요한 세 가지 요소는 가연성 물질, 산화제, 열 에너지입니다. 산화제 중 가장 흔하게 쓰이는 것은 산소죠. 물론 마그네슘(Mg)이 이산화탄소(CO_2) 속에서 연소되는 것처럼 산소 없이도 가능한 연소 반응이 있기는 해요. 우선 태양에서 나오는 빛과 열이 모두 '연소' 반응으로 생긴 것이라고 했을 때, 태양이 연소하는 데 필요한 세 가지 요소를 알아봅시다.

태양을 이루는 물질 중 대표적인 것이 수소와 헬륨이라는 것은 이미 스펙트럼 분석을 통해 밝혀진 사실이에요. 수소가 74%, 헬륨이 25%, 다른 여러 물질이 나머지 1%를 차지하고 있지요. 헬륨은 비활성 기체이니 가연성 물질의 후보에서 제외할 수 있어요. 그렇다면 수소 기체를 태양을 연소시키는 가연성 물질이라고 생각해 볼 수 있겠죠.

태양의 표면 온도는 5,500℃고, 중심부 온도는 그보다 훨씬 높으니까 열 에너지, 즉 발화점이 되기 위한 조건은 갖춘 셈이고요. 하지만 산소와 같은 산화제가 없으면 연소 반응의 조건이 충족되지 않아요. 이것은 태양이 타는 것처럼 보이는 현상이 실제로는 연소 반응이 아닐 수도 있다는 것을 의미합니다.

태양에 산화제가 많더라도 온 태양계를 밝게 비출 빛을 만들면 가연성 물질과 산화제는 순식간에 소모될 거예요. 연소를 통해 태양계를 비추려면 얼마나 많은 물질이 필요할지 계산해 볼게요. 수소의 연소열은 285.8kJ/mol이고, 메테인의 연소열은 890.3kJ/mol입니다. 1g의 수소와 메테인이 발산하는 열 에너지는 각각 '285.8÷2=142.9 kJ' '890.3÷16= 55.6kJ'이고요. 수소가 메테인보다 세 배 정도 많은 열 에너지를 내보내는 것이지요.

일찍이 누군가 실험을 통해 메테인을 주성분으로 하는 천연가스 1kg으로

20kW의 보일러를 45분 동안 쉬지 않고 작동할 수 있다는 것을 알아냈어요. 태양의 질량은 '2.0×10^3 kg'이고, 온 태양계를 따뜻하게 비추기 위한 열 에너지는 '3.8×10^2 W'예요. 만약 태양의 전체 질량이 오로지 메테인으로만 이루어졌다면 천연가스 태양은 약 1만 년이 지났을 때 메테인을 모두 소모할 거 계요. 태양은 메테인이 아니라 주로 수소로 되어 있지만, 고작 2만 4,000년 기 지나면 수소는 바닥이 날 겁니다.

이 계산을 통해 나온 시간은 수백만 년이나 되는 생물의 진화 시간척도에 비하면 너무나 짧아요. 그렇다면 태양이 내보내는 에너지가 산소를 이용한 연소 과정에서 나오는 에너지보다 훨씬 크다고 볼 수 있겠지요. 사실 태양이 내뿜는 에너지의 원천은 효율이 굉장히 높은 핵융합 반응입니다. 핵융합 반응이라는 말은 영국의 천문학자 아서 스탠리 에딩턴이 20세기 들어 처음 사용한 말이에요. 태양이 에너지를 생산하는 과정에는 원자의 핵반응 과정이 관련 있어요. 네 개의 수소 원자가 여러 상호작용을 거쳐 하나의 헬륨 원자로 융합되면서 대량의 에너지를 내보내는데, 이것이 우리 눈에 보이는 태양의 (과학적 의미가 아닌 비유적 의미의) '연소'랍니다.

연소 반응 혹은 강한 빛과 열을 동반하는 산화환원 반응은 궤도전자와 원자핵 사이에서 일어나는 '전자기적 상호작용'의 결과입니다. 기존 결합을 끊어내고 새로운 결합을 만드는 것과 관련이 있으며 주로 전자가 영향을 미치죠. 하지만 태양을 '연소'시키는 핵융합 반응은 원자핵 내부의 핵자 사이에서 일어나는 '강한 상호작용'과 '약한 상호작용'의 결과예요.

여기서 강한 상호작용은 전자의 전자기적 상호작용보다 훨씬 강력해요. 헉융합 반응으로 인해 방출되는 에너지가 일반적인 화학 반응으로 방출되는 에너지보다 월등히 크죠. 반면 약한 상호작용은 큰 에너지를 만드는 건 아니지만 양성자가 중성자로 바뀌는 과정 등에 관련이 있어요. 태양의 '연소' 반응에 있어 빠져서는 안 될 부분이지요. 약한 상호작용은 핵반응의 속도를 조절해서 태양이 긴 시간 동안 꾸준히 '연소'하도록 돕습니다.

Q 만약 우리 은하에서 길을 잃으면
어떻게 지구까지 찾아갈 수 있을까?

우리 은하 안에서 지구의 절대 위치는 이미 알려져 있어요. 은하 중심부를 기준으로 지구의 상대 위치를 알고 있는 것이지요. 천문학자들이 우리 은하를 연구하기 위한 다양한 방법을 생각해 낸 덕분에 우주 안에서 태양계가 어디에 있는지 자연스럽게 알게 된 것이지요.

만약 우리 은하에서 길을 잃으면 어떻게 해야 할까요? 먼저 자신이 은하 안에서 대충 어디쯤 있는지 파악해야 합니다. 이때 가장 중요한 것은 은하의 중심에서 자신의 상대 위치를 확인하는 거예요. 은하의 중심에서 내가 얼마나 떨어져 있는지 상대적 거리를 파악했으면, 여러 천문학 지식을 이용해 은하의 어디쯤에 있는지 대강의 위치를 파악합니다.

내가 어디에 있는지 알았다면 지구의 대략적인 위치도 대충 짐작할 수 있을 거예요. 하지만 지구는 여전히 보이지 않겠지요. 제발 태양이라도 보이기를 바라지만 아마 태양 근처에 있는 더 밝은 별들만 보일 수도 있어요. 그렇다면 다른 별을 통해 태양의 위치를 유추해야 하는데, 여기서 아주 큰 어려움에 부딪힙니다. 우리 은하의 반지름은 약 5만 광년이라 지금 눈에 보이는 우리 은하 속 별들의 위치는 지나간 먼 과거의 위치거든요.

현재는 태양과 주변 항성들의 상대 위치도 우리가 보는 것과는 분명 달라져 있을 거예요. 따라서 현재 태양이 주변 항성을 기준으로 어디쯤 있을지 그 상대 위치를 정확하게 아는 것은 쉽진 않을 겁니다. 하지만 이론적으로 과거의 정보를 통해 유추가 가능하긴 해요. 그래서 은하 안에서 자신의 상대 위치를 파악하는 것이 가장 중요한 것이지요.

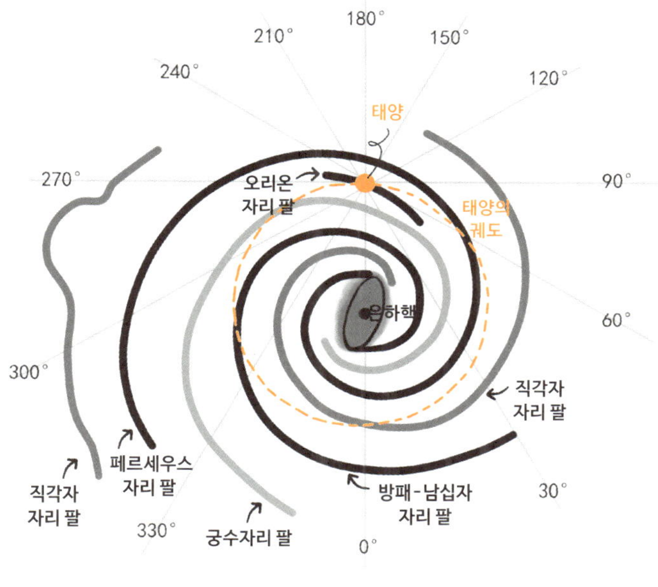

우리 은하의 나선 팔 설명도

그다음에는 예측한 범위에서 앞으로 나아가면 돼요. 눈앞에 보이는 항성의 분포와 예상되는 분포를 비교해 보면 태양의 위치를 알 수 있겠지요? 이때 정확한 시간을 알고 있다면 역법과 지구 궤도를 이용해 지구의 위치를 계산할 수 있습니다. 지구로 돌아가고 싶은데 지구를 찾지 못할까 봐 걱정할 필요는 없어요. 태양이 어디 있는지는 이미 알고 있으니 우선 태양계로 가서 지구를 찾으면 되니까요.

Q 외계인이 보내는 신호를 받으려면 어떻게 해야 할까?

    외계 문명을 찾는 것은 굉장히 복잡하고 어려운 일입니다. 수많은 과학 기술 연구팀이 협력하고 넉넉한 자금이 뒷받침되어야 해서 전문적인 기계와 설비가 없는 일반인에게는 거의 불가능한 일이지요. 현실이 그렇다고 해도 이론상 우리도 외계 신호를 받을 수 있는 망원경이나 안테나 배열을 만들 수 있습니다.

    일단 외계 문명이 보내는 신호는 아주 약하다는 것은 알아두세요. 오늘날은 광공해가 아주 심각하다는 점도 고려해야 하고요. 굉장히 섬세하고 예민한 망원경이나 안테나로 그 미약한 신호를 잡아내야 합니다. 또한 우주 방사선과 전자기파 신호는 대기층을 뚫지 못하고 지극히 일부분만 지구로 들어올 수 있어요. 이처럼 대기층을 잘 통과할 수 있는 전자기파의 파장 범위를 '대기의 창'이라고 합니다.

가장 관측하기 적합한 파장은 10cm에서 1m 사이예요. 이 사이 파장의 전자기파는 대기 투과율이 100%에 가까워서 현재 과학자들이 외계 신호를 연구할 때 주로 관측하는 영역 중 하나랍니다. 관측할 파장 영역을 대충 정했으면 다음은 망원경을 설계할 차례예요. 일반인이 혼자 힘으로 전파 망원경을 만드는 것이 불가능하지는 않지만, 전문 지식이 필요하기 때문에 여기서는 자세히 다루지 않을게요.

실제로 사용할 수 있는 전파 망원경을 만들었다 해도 지능이 있는지도 모르는 생명체가 보낸 신호를 제대로 수신하는 것은 불가능에 가까워요. 과학자들이 예전부터 전파 망원경을 설치하고 관련 연구를 했지만 아직 별다른 성과가 없답니다.

Q 일상생활 속에서 핵반응을 만들 수 있을까?

핵반응은 일상생활에서 시시각각 일어나고 있어요. 핵반응이란 원자핵 혹은 양성자, 중성자, 고에너지 전자 등과 같은 입자가 또 다른 원자핵과 충돌하 새로운 원자핵을 만드는 과정을 말합니다. 자연에서 발생하는 핵반응도 있지만 인공 핵반응도 있어요. 고에너지 가속기에 따라 가속된 입자를 원자핵과 충돌시켜서 새로운 원소를 만드는 것이 그 예죠.

우리의 일상과 밀접한 관련이 있는 자연계의 핵반응에 관해 이야기하려면 '탄소-14'의 생성을 빼놓을 수 없습니다. 자연에 존재하는 대부분의 탄소 원자는 양성자와 중성자의 수를 합친 '질량수'가 12예요. 이러한 탄소 원자를 탄소-12라고 합니다. 하지만 지구의 대기에서는 탄소-12보다 중성자가 2개 더 많아 질량수가 14인 탄소의 동위원소, 탄소-14가 계속해서 만들어져요.

그 원인은 바로 우주에서 지구로 들어오는 고에너지 방사선입니다.

지구로 들어온 고에너지 방사선은 고층 대기와 만나 일련의 반응을 거쳐 고에너지 중성자를 만들어요. 고에너지 중성자는 대기 중의 질소-14 원자핵과 반응해서 한 개의 양성자를 내보내는 동시에 탄소-14로 변하지요. 이 과정의 반응식은 아래와 같습니다.

$$_{0}^{1}n + \,_{7}^{14}N \longrightarrow \,_{6}^{14}C + \,_{1}^{1}p$$

대기 중의 탄소는 대부분 탄소-12이지만, 위 과정으로 생성된 탄소-14가 일정 비율 포함되어 있어요. 사람과 동식물은 살아 있는 동안 끊임없이 대기와 탄소를 교환하므로 살아 있는 생명체 내부의 탄소 동위원소 비율은 대기 중의 비율과 같아요. 하지만 생명체가 죽고 난 뒤에는 더 이상 대기와 탄소 교환이 이루어지지 않는데, 탄소-14는 시간이 지나면서 특정 반감기로 다시 질소-14로 붕괴해요. 이미 죽은 생명체의 탄소 동위원소 비율과 반감기를 이용하면 생명체가 언제 죽었는지 그 연대를 측정할 수 있지요.

인공 핵반응 중 우리의 일상과 가장 밀접한 관련이 있는 것은 원자력 발전소에서 일어나는 우라늄 핵분열 반응이에요. 이 핵반응을 통해 일상생활에 필요한 전기 에너지를 얻을 수 있거든요.

**중성미자는 사람의 몸을 통과할 수 있는데,
왜 광자는 사람의 몸을 통과할 수 없을까?**

	중력 상호작용	약한 상호작용	전자기적 상호작용	강한 상호작용
작용 범위	원거리, ∞	근거리 $< 10^{-16}$	원거리, ∞	근거리, $10^{-16} \sim 10^{-15}$
예	천체 사이	β붕괴	원자의 결합	핵력
상대 강도	10^{-39}	10^{-16}	10^{-2}	1
매개체	중력자 *	W 보손	Z 보손	광자
작용 입자	모든 물체	강입자, 경입자	강입자	강입자
반응 시간/s		$> 10^{-10}$	$10^{-20} \sim 10^{-16}$	$< 10^{-23}$

* 중력자의 존재는 아직 확인되지 않았고 실험에서도 관찰되지 않았음.

네 가지 기본 상호작용 비교

이 질문에 답을 하려면 광자(빛)가 무언가를 꿰뚫고 나아가는 투과력을 고려해야 합니다. 광자가 어떤 물체를 통과할 수 있을지는 주로 광자의 에너지와 관련이 있어요. 광자는 파장이 짧을수록 에너지가 늘어나고 투과력도 강해지죠. 예를 들어 가시광선은 종이를 통과할 수 없지만, 파장이 짧은 엑스선은 얇은 알루미늄판을, 파장이 더 짧은 감마선은 사람의 몸을 통과할 수 있어요. 즉 광자도 파장에 따라 사람의 몸을 통과할 수 있어요.

중성미자는 광자와 달리 경입자(lepton)이면서 전기적 중성이어서 원자를 통과할 때 전자기 상호작용의 영향을 받지 않습니다. 중성미자는 질량이 0에 가깝고 중력 상호작용은 너무나 미약하다 보니 보통 약한 상호작용의 영향만 받죠. 다만 약한 상호작용은 작용 범위가 매우 짧은 편이라서 양성자,

중성자, 전자, 중성미자와 같은 페르미온 두 개가 아주 가까이 있을 때만 일어나요. 원자의 세계에서 원자핵과 전자는 아주 조그맣고 중성미자는 그보다 훨씬 작아서 충돌할 일이 거의 없어요. 그럼 약한 상호작용도 웬만해서는 일어나지 않겠지요. 확률적으로 보면 중성미자가 100억 개 있을 때 어떤 물질과 만나 반응하는 중성미자는 단 하나뿐이거든요.

중성미자는 전자기 상호작용에 참여하지 않기 때문에 보통 직접적인 방법으로는 관측할 수 없습니다. 대신 물 분자에 포함된 양성자인 수소 원자핵과 중성미자를 반응시키는 실험을 통해 중성자 하나와 양전자 하나를 만든 다음, 양전자를 관측하면 중성미자를 간접적으로 확인할 수 있어요.

지구의 공기는 왜 진공 상태인 우주로 빠져나가지 않을까? 공기는 형태가 없는데 어떻게 붙잡을 수 있는 걸까?

지구가 만든 중력장이 기체를 포함해 지구 근처의 모든 물체를 끌어당기기 때문입니다. 중력장으로 인해 지구 표면에 있는 모든 기체가 맥스웰-볼츠만 분포를 따라요. 그래서 고도가 높을수록 기체의 양이 적죠.(주: 지구 중력으로 인해 지표면의 기체 분자가 높은 고도로 올라가기 위해서는 빠른 속도를 지녀야만 합니다. 맥스웰-볼츠만 분포에 따라 대부분의 기체 분자는 온도와 분자량으로 정해지는 평균속도와 비슷한 속도를 지녀요. 적은 양의 기체 분자만이 충분히 빠른 속도를 지녀 높은 고도로 올라갈 수 있어요.) 이 공식은 고도에 한계를 두지 않았다는 점에서 문제가 있어요.

실제로 지구의 공기는 시시각각 사라지고 있습니다. 대기층의 가장 바깥쪽을 외기권이라고 하는데, 이 외기권에 있는 기체가 굉장히 다양하고 복잡한 과정을 거쳐 우주로 빠져나가고 있거든요. 그래서 지구의 공기는 계속 사라지고 있다고 볼 수 있어요. 구체적으로 말하면 1초에 수소 3kg과 헬륨 50g이 우주로 빠져나가고 있지요.

그런데 왜 수소가 주로 빠져나갈까요? 수소가 비교적 가볍기 때문이에요. 지구의 중력으로는 가벼운 기체를 붙잡는 데 한계가 있거든요. 분자가 무거운 기체일수록 지구에 잘 머물러요. 바꿔 말하면 대기를 붙잡고 있는 것은 지구 자체의 중력이지요.

Q 달빛에도 피부가 탈까?

우선 사람의 피부를 타게 만드는 것이 무엇인지 알아야겠네요. 피부가 까맣게 타는 것은 멜라닌 색소 때문입니다. 자외선 중에서 파장이 긴 UV-A와 파장이 중간 정도인 UV-B는 피부를 자극해서 멜라닌의 양을 늘려요. 이렇게 피부에 멜라닌이 많아지면 점차 까매지는 것이지요. 하지만 멜라닌을 나쁘게만 생각하진 말아요. 멜라닌 때문에 피부가 타는 것은 맞지만, 자외선을 차단해서 피부를 보호해 주기도 하거든요.

달빛을 오래 쬐면 피부가 탈까요? 달은 스스로 빛을 내는 것이 아니라 햇빛을 반사해서 빛을 냅니다. 다만 평균적으로 햇빛의 7%만 반사하기 때문에 달빛의 자외선은 몹시 약하지요. 그러니까 달빛에 피부가 탈 걱정은 하지 않아도 된답니다.

빛에도 압력이 있을까?

압력이 얼마나 강해야 빛으로 사람을 쓰러뜨릴 수 있을까?

빛에도 압력은 있습니다. 우선 대기압이 만들어지는 과정을 생각해 볼게요. 공기 중의 수많은 분자가 1초에 수백 미터를 나아갈 만큼 아주 빠른 속도로 운동합니다. 이때 물체에 부딪치고 튕겨 나오는 과정에서 물체에 대한 충격력이 생겨요. 수많은 기체 분자가 공기 중에 있는 물체에 부딪쳐서 만들어내는 단위 면적당 충격력이 바로 대기압입니다. 같은 이치로 빛 한 줄기의 광자가 물체 표면에 흡수되거나 반사되는 과정에서 물체에 대한 충격력이 생기는데, 이 충격력이 빛의 압력인 '복사압'을 만드는 거예요.

사람을 쓰러뜨리려면 0.01m^{2}당 약 1,000N의 힘을 가해야 하고, 이때 압력은 10만Pa입니다. 참고로 1,000N은 100kg인 물체의 무게와 비슷해요. 그런데 태양광의 복사압은 고작 0.0000005Pa예요. 다시 말해 사람을 쓰러뜨리려면 태양광의 200억 배에 달하는 복사압이 필요한 것이지요. 이렇게 큰 복사압을 만들려면 세계 최고의 출력을 내는 레이저 기계를 만들어야 할 거예요. 그러니 복사압으로 사람을 쓰러뜨리는 것은 비현실적인 생각이에요. 안타깝게도 그 사람은 복사압으로 쓰러지기도 전에 광출력 전환 과정에서 발생한 강력한 열 에너지 때문에 서 있지 못할 거예요.

별을 만들 수 있을까?

직접 만든 별을 우주로 내보내면 어떤 일이 벌어질까?

천체 물리학에서 별(항성)이 어떻게 만들어지는지는 예전부터 아주 중요한 연구 과제였어요. 오늘날의 천체 물리학은 별에 관한 몇 가지 중요한 결론을 알려 줍니다.

별을 만들려면 우선 수소를 '꽤' 준비해야 합니다. 천체 물리학자들이 계산한 값과 지금까지 관측한 데이터에 따르면, 최소한 태양 질량의 9%에 해당하는 수소가 필요하다고 해요. 이 질량은 지구 총질량의 3만 배에 달하는 양이지요. 물론 이보다 더 많아도 상관없어요. 하지만 이보다 적으면 별들처럼 중력만으로 자발적인 핵융합이 일어나게 할 수 없답니다.

다음으로 이 방대한 양의 수소를 압축할 수 있는 특수한 방법이 필요합니다. 밀도가 가장 높은 성운에서도 $1m^3$당 고작 10^{-} g 정도의 수소를 얻을 수 있어요. 별을 만드는 데 필요한 수소를 얻으려면 가장 무거운 성간물질을 최소 $5 \times 10^{43} m^3$나 모아야 한다는 것을 뜻하지요.

이것은 대체 얼마나 큰 걸까요? 대략 지구 부피의 10^{22}배에 해당하는 크기고, 하나의 구체로 본다면 반지름은 약 0.02광년이에요. 이 많은 수소를 태양보다 작은 크기로 압축하는 것은 결코 쉬운 일이 아닙니다. 단지 중력만으로 수소들이 모이길 기다리려면 얼마나 오랜 세월을 기다려야 할지 짐작할 수 없으니 다른 방법이 필요할 거예요. 인류가 보기에는 상상할 수 없는 위력을 가진 우주도 그 많은 수소를 모으려면 아주 긴 시간이 걸려요. 하지만 이 정도의 수소 기체를 가까이 모을 수만 있다면 중심부에서 안정적으로 핵융합을 할 수 있습니다.

사람이 별 하나를 만들려면 온갖 노력을 해야 합니다. 인류의 모든 상상력을 끌어 모아야 할 만큼 위대한 이 작업이 우주에서는 매일 같이 벌어지는 아주 흔한 일이에요. 우리가 만든 별을 우주로 내보내면 우주에 흔한 별 하나가 추가될 뿐이겠지요.

사양하지 말고
마음껏 먹어!
로켓
우주선
이거 먹을 수
있는 거야…?
연료
산화제

미션 완료! 다음 단계로 출발!

천문관을 한 바퀴 둘러보자 인공지능 안내원의 목소리가 흘러나왔다.

"이 문을 지나면 우리 우주정거장의 우주 도킹장이 나옵니다. 여러분은 다음 목적지를 선택할 수 있습니다."

문 옆에 있는 스크린에 여러 목적지의 이름이 반짝였다. 물리 군은 '물리대학교'라는 글자를 발견했다.

"우리 같이 누르자!"

물리 군과 슈냥이의 손이 동시에 스크린 속 '물리대학교' 글자를 누르자 문이 열렸다.

"물리대학교를 선택하셨습니다. 우주선에 연료를 넣고 있으니 잠시만 기다려 주십시오. 기다리시는 동안 여러분의 상상력을 넓힐 수 있는 흥미로운 문제를 준비했으니 한번 풀어 보세요. 앞으로도 즐거운 여행이 되기를 바랍니다. 다음에 또 만나요!"

인공지능 안내원은 임무를 마치고 사라졌다. 물리 군과 슈냥이는 이제 마지막 목적지만 남겨 두고 있었다. 잠시 후, 물리 군과 슈냥이를 태운 우주선이 물리대학교를 향해 날아가기 시작했다.

연구소에서 만난 물리

여덟 번째 미션 시작!

소음이 갈수록 커지고 우주선의 실내 온도가 점점 높아졌다.

"냐옹."

슈냥이의 울음소리에 물리 군이 창밖을 내다봤다. 우주선이 곧 착륙하려는 모양이었다. 저 멀리 높낮이가 제각각인 건물들로 이루어진 단지가 눈에 들어왔다.

'저기가 물리대학교겠지? 물리대학교에서 원래 세계로 돌아가는 방법을 찾을 수 있을까?'

우주선이 착륙하자 슈냥이가 먼저 잽싸게 뛰어내렸다. 물리 군도 불안한 마음은 잠시 뒤로하고 슈냥이를 따라 우주선을 빠져나와 물리대학교 정문에 들어섰다. 어느 강의동에 들어서자 물리 군은 익숙하면서도 낯선 감정에 휩싸였다. 주변을 둘러보니 물리대학교 연구생들이 여러 실험실을 바삐 드나들고 있었다.

'아, 나도 연구생이었는데.'

물리 군은 연구생들이 어떤 연구를 하는지 문득 궁금해졌다. 물리 군이 가장 가까이 있는 실험실의 문을 열려는 순간, 뜻밖에도 슈냥이가 한발 먼저 움직였다. 실험실 안으로 쏜살같이 달려가는 슈냥이를 보고 물리 군이 황급히 소리쳤다.

"슈냥아, 얼른 나와!"

"학생, 호기심은 나쁜 것이 아니라네!"

실험실 안쪽에서 누군가 고개를 불쑥 내밀었다.

"나는 물리대학교의 총장일세. 자네가 여기까지 오는 동안 어떤 일들을 겪었는지 벌써 다 전해 들었지. 원래 세계로 돌아갈 방법을 찾아 왔다고? 환영하네!"

"그런데 원래 세계로 어떻게 돌아가죠? 제가 기억하기로는 맨홀을 밟고 쓰러졌다가 정신을 차려 보니까 이 세계로 와 있었는데…."

물리 군이 머리를 긁적였다.

"맨홀?"

총장이 아래턱을 쓰다듬으며 생각에 잠겼다. 잠시 후, 총장은 무언가 생각이 난 듯 입을 열었다.

"우리 대학교에서 연구 중인 장치가 있는데, 그 장치가 자네를 원래 세계로 돌려보내 줄 수 있을 것 같구먼. 그런데 말이지…."

"무슨 문제가 있나요?"

"냐옹?"

총장이 할 말이 더 있는 것 같아서 물리 군과 슈냥이가 동시에 되물었다.

"허허, 그 장치를 조작하려면 물리 지식이 조금 필요하거든. 자네들이 그 설비를 써도 될지 시험해 봐야 마음이 놓일 것 같구먼! 그럼 시작해 볼까?"

총장이 물리 군의 도전 정신을 자극했다.

리튬과 나트륨 외에 다른 1족 원소로 배터리를 만들 수 있을까?

가능합니다. 이미 칼륨 이온 전지에 대한 연구가 활발히 진행 중이에요. 양극과 음극을 만드는 데 쓸 재료를 실험하는 단계에까지 와 있지요. 그리고 이미 1족 원소 중 첫 번째 원소인 수소(H)로 만든 배터리인 수소-산소 전지가 있어요. 수소-산소 전지란 음극 활성물질로 수소를 사용하고 양극 활성물질로 산소를 사용하는 전지를 말합니다. 양극과 음극에서는 아래와 같은 반응이 일어나요.

$$음극 : H_2 + 2OH^- \rightarrow 2H_2O + 2e^-$$
$$양극 : O_2 + 2H_2O + 4e^- \rightarrow 4HO^-$$

전체 반응은 수소와 산소가 만나 물이 만들어지는 생성 반응입니다. 전지는 일종의 에너지 변환 장치고, 다른 에너지를 전기 에너지로 전환합니다. 이런 기능을 할 수 있는 장치는 모두 전지라고 부를 수 있지요. 이론상 어떤 반응을 스스로 만들 수 있는 모든 화학적 장치는 전지로 만들 수 있어요. 예를 들어 양극과 음극을 같은 활성 물질로 만들되 농도를 다르게 하면 두 전극 사이에 에너지 차이가 생기겠지요. 에너지 차이를 이용해서도 전지를 만들 수 있는데, 이를 농도차 전지라고 합니다.

흔히 볼 수 있는 정전기 아크는 왜 보라색을 띨까?

아크 또는 아크 방전은 보통 공기와 같은 비전도성 매체를 통해 전류를 발생시키는 가스 절연 파괴 현상으로, 절연 매체 사이에서 지속적으로 번쩍이는 방전 현상입니다. 아크가 발생할 때는 상당한 열이 발생하는데 아크 중앙부의 온도는 5,000℃에서 1만 5,000℃에 이르죠. 겨울에는 날이 건조해서 몸에 쉽게 정전기가 쌓이다 보니 어떤 물건을 만졌을 때 정전기가 방전되곤 합니다. 방전되는 순간 연보랏빛 아크가 보이기도 하고요.

아크의 발생 과정은 다음과 같습니다. 두 물체에 정전기가 쌓이고 전압이 높아지면 공기가 빠르게 절연 파괴돼요. 이때 이온화된 공기를 통해 전하가 옮겨가면서 순간적으로 아주 강한 전류가 흐르지요. 동시에 공기는 이온화된 전자에 의해 들뜬상태가 되었다가 다시 에너지가 낮은 상태로 되돌아오면서 빛의 형태로 에너지를 방출해요. 이것이 바로 아크입니다.

공기에서 가장 많은 양을 차지하는 것이 질소다 보니 공기의 스펙트럼은 질소 분자가 방출하는 빛에 의해 결정됩니다. 질소 분자의 스펙트럼은 보라색, 파란색, 빨간색에 분포되어 있어요. 그래서 공기 중에 아크가 발생하면 연보라색을 띠는 거예요.

Q 자연계에서 가장 단단한 물질로 알려진 금강석은 어떻게 세공할까?

다른 광물들처럼 금강석 역시 울퉁불퉁한 원석의 형태로 채굴돼요. 원석은 표면이 매끄럽지 않아서 빛이 제멋대로 반사, 굴절되어 광채가 약합니다. 그러나 가공하고 광택을 내서 결정면을 매끄럽게 만들면 금강석은 반짝반짝 빛나는 다이아몬드가 될 수 있죠.

다이아몬드 가공은 밑그림, 절단, 성형, 연마의 네 단계로 나뉩니다. 요즘에는 다이아몬드를 절단할 때 주로 레이저를 사용해요. 절단에 쓰는 레이저는 두께가 0.1mm 미만으로 아주 얇고, 레이저로 절단한 다이아몬드의 단면은 굉장히 매끈해요. 그래서 낭비되는 부분이 적고 아름다운 완성품을 기대할 수 있지요.

연마할 때는 '다이아몬드를 자를 수 있는 것은 다이아몬드뿐이다'라는 특성을 이용합니다. 다이아몬드는 이방성을 가지고 있어서 방향에 따라 물리적 성질이 다르기 때문에, 다른 다이아몬드 가루를 이용해 다듬고 광을 낼 수 있거든요. 그다음 결합과 절단 과정을 거쳐 아름다운 모양의 다면체로 성형하지요. 이때 결정면의 모든 각도는 정교하게 설계되기 때문에 빛을 충분히 활용하면 눈부시도록 반짝이는 다이아몬드를 만들 수 있답니다.

**Q 양자 얽힘은 양자 중첩 상태를 순식간에 변화시킨다.
그렇다면 어떤 규칙에 따라 얽힘 상태인 양자쌍 중 하나를
측정할 때, 멀리 떨어져 있는 나머지 양자의
상태를 같은 규칙에 따라 변화시키면 모스 부호로
그 정보를 전달할 수 있지 않을까?**

양자를 관측하는 순간, 멀리 떨어져 있는 얽힘 상태의 나머지 양자가 변화하는 것을 파동함수의 붕괴라고 합니다. 양자역학에서는 이런 변화가 거리와 관계없이 일어날 수 있어도 정보는 전달할 수 없다고 말해요. 더구나 인과율도 잘 지켜지고 있지요. 파동함수의 붕괴가 정보를 전달할 수 없는 것은 상태는 변화시켜도 관측한 결과의 확률 분포까지 변화시킬 수 없기 때문입니다.

멀리 떨어져 있는 A와 B가 얽힘 상태의 두 양자 시스템을 하나씩 통제하

고 있다고 가정해 볼게요. 이때 A가 자신이 가진 양자 시스템을 관측하면 B가 가진 양자의 상태는 바뀌지만, B가 관측한 결과는 달라지지 않아요. 심지어 B는 A가 관측했는지조차 알지 못하지요. 그래서 당연히 정보를 전달할 수 없는 거예요.

Q 높낮이가 다른 소리가 뒤섞여 있을 때, 사람의 귀는 어떻게 각각의 소리를 구분할까?

물리학자들은 진동수가 다른 소리가 섞여 있을 때 푸리에 변환을 활용합니다. 푸리에 변환은 진동수가 다른 진동들이 뒤섞여 있을 때 이를 단일한 진동수를 가진 여러 진동의 합으로 나누어 생각할 수 있도록 도와주는 함수의 변환 방법입니다.

다른 진동수의 소리를 구분해 내는 신비한 능력은 청각 시스템이 푸리에 변환과 비슷한 과정을 거치기 때문이에요. 놀랍게도 이런 과정은 대뇌가 정보를 처리하는 과정에서 일어날 것 같지만, 사실은 귓속 달팽이관의 기저막에서 일어납니다.

기저막은 달팽이관을 따라 나선형으로 감겨 있어요. 달팽이관의 바깥쪽에 있는 기저막은 비교적 단단하고 폭이 좁아서 진동수가 높은 소리와 크게 공명해요. 반대로 달팽이관의 안쪽에 있는 기저막은 단단함이 떨어지고 폭이 넓어서 진동수가 낮은 소리와 크게 공명하고요. 다른 진동수를 가진 진동들이 각각 코르티기관의 다른 모세포를 구부려서 저마다 다른 신경 신호로 변하는 것이지요. 그래서 진동수가 다른 소리를 구분할 수 있는 거예요.

사람의 몸은 정말 신비하지요. 이렇게 간단한 구조를 통해 물리적 기법인

푸리에 변환을 하고, 그 덕분에 뇌는 복잡한 과정을 거칠 필요가 없잖아요. 다만 모세포는 재생되지 않는다는 사실을 강조하고 싶어요. 달팽이관의 바깥쪽에 있는 모세포는 외부 소리에 더 많은 영향을 받기 때문에 사람은 나이가 들수록 높은 진동수 영역의 소리를 잘 듣지 못해요. 그래서 청력을 잘 관리해야 한답니다.

Q 소리가 자기화될 수 있을까?

자기화란 자성을 띠지 않는 물체가 자성을 띠게 되는 것을 말합니다. 자기장이 음파가 전달되는 데 약간의 영향을 줄 수 있지만, 아직 음파 자체를 자기화할 수는 없어요. 자성의 원인은 전자의 각운동량이에요. 전자의 궤도 각운동량으로 인한 궤도 자기 모멘트와 스핀 각운동량으로 인한 스핀 자기 모멘트의 효과가 합쳐져 자성이 나타나죠. 따라서 자기 현상은 전자와 관련이 있고, 반대로 외부의 자기장이 전자에 영향을 줄 수도 있어요.

사람이 소리를 듣는 과정을 생각해 볼게요. 소리 내는 물체가 진동하면 그 진동이 매질을 통해 퍼져 나가요. 매질이 공기와 같은 기체라면 소리는 매질의 진동과 같은 방향으로 공기의 밀도와 압력에 변화를 일으키며 주변으로 전달됩니다. 매질을 통해 귀로 전달된 진동은 신경계에서 전기 신호로 전환되고, 대뇌는 그 전기 신호를 감지해요. 재밌게도 뇌가 인지하는 소리는 물체의 진동이 아니라 전기 신호인 셈이지요.

사람은 세기, 높낮이, 음색 이렇게 세 가지 요소를 통해 소리를 감지합니다. 세 가지 요소는 모두 진동의 형태와 관련이 있어요. 소리는 원자핵(포논)의 진동 운동으로 전달되고, 전자에는 큰 영향을 받지 않아요. 자기장은 원자핵의 진동에 큰 영향을 주지 못해서 소리에도 큰 영향을 줄 수 없는 거예요.

그럼에도 불구하고 자기장이 기체 입자의 움직임에 일부 영향을 주는 사례들이 있어요. 가벼운 물질에 외부 자기장을 가하면 자기장이 전자의 스핀을 정렬시키고, 이에 따라 물질이 회전합니다. 스핀이 변한다는 것은 각운동량이 변화한다는 것이고, 각운동량 보존에 따라 스핀 각운동량 변화의 반대 방향으로 물질 전체가 회전하는 거죠. 이를 아인슈타인-드하스 효과라고 합니다.

미시적 세계에서 전자의 각운동량 변화가 일어나면 원자는 어떻게든 운동을 합니다. 따라서 자기장이 기체 입자와 같은 매질의 진동에 약간 영향을 주고, 이것이 음파의 전달에 영향을 준다는 거예요. 하지만 영향이 아주 작기 때문에, 자석으로 소리가 달라지는 것을 귀로 감지하기는 어렵습니다. 소리 자체를 자기화시키는 것은 더욱더 어려운 일이에요.

음식에서 냄새가 나는 것은 음식의 기체 분자의 냄새를 맡았기 때문이다. 왜 책에 코를 갖다 대면 책 냄새가 나는 걸까? 책이 쉬지 않고 분자를 내보내고 있는 걸까?

다른 냄새처럼 '책 냄새'도 어느 정도는 화학 작용의 결과물입니다. 오래된 책에서 나는 냄새는 자꾸만 맡고 싶어지고, 새 책 냄새를 맡으며 책을 읽으면 지성이 빛나는 느낌이 들곤 하지요. 하지만 이런 '책 냄새'의 비밀은 여러분이 상상하는 것과 전혀 다를지도 몰라요.

이와 관련한 낭만적인 옛이야기가 있어요. 옛날 사람들은 책에 벌레가 생기는 것을 막기 위해 시원한 향이 나는 '운향(rue)'이라는 식물을 책 사이에 끼워 두었다고 합니다. 운향이 끼워져 있던 책을 펼치면 산뜻한 향이 물씬 나거든요. 당시 사람들은 그 향을 '책 냄새'라고 불렀어요.

책 냄새에 관한 과학적인 연구도 있습니다. 오래된 책이 머금고 있던 공기를 분석해 본 결과, 책 냄새는 사실 벤즈알데하이드(은행 냄새), 바닐린(풀 냄새), 톨루엔, 에틸벤젠(달달한 냄새), 2-에틸헥산올(꽃향기) 등 다양한 방향족 화합물이 뒤섞인 냄새라는 것을 알아냈죠. 단순히 한 가지 냄새가 아니었던 거예요. 이러한 성분들은 각각의 함량이 매우 적지만, 휘발성이 강해서 농도가 연해도 충분히 냄새를 맡을 수 있어요. 냄새의 출처는 주로 종이의 리그닌 성분입니다. 리그닌의 산화와 가수분해 등 화학적 반응을 통해 앞서 언급한 다양한 방향족 화합물이 만들어져요.

물론 어떤 책에서 나는 냄새는 단순히 종이나 약품 냄새일 수도 있어요. 종이를 만들 때 사용하는 화학물질이나 인쇄할 때 쓰는 잉크, 제본할 때 쓰는 접착제에서도 특유의 냄새가 나니까요. 책에서 악취가 난다면 화학약품의 냄새일 수 있으니 책을 잠시 햇빛에 말린 다음 읽어 보세요.

책 냄새를 맡는다는 것은 확산된 기체 분자가 코로 들어와 후각을 건드린

거예요. 기체 분자는 굉장히 격렬하게 운동해서 꽤 멀리까지도 퍼져 나갈 수 있어요. 이때 물질이 퍼져 나가는 정도는 농도 기울기의 방향도함수와 정비례합니다. 쉽게 말해서 물질의 확산 속도는 물질의 농도 차이와 확산 계수에 따라 달라져요. 농도 차이가 클수록 확산 속도가 빨라지지요. 확산 계수는 환경 요인에 따라 달라져요. 예를 들면 분자량이 작고 온도가 높을수록 기체 분자의 무작위 운동이 격렬해져서 확산 계수가 커집니다.

책을 펼쳤을 때 책에 가까이 갈수록 냄새를 내는 기체 분자의 농도가 훨씬 진해요. 이때 미시적으로는 기체 분자가 쉴 새 없이 무작위 운동을 하고, 거시적으로는 기체 분자가 높은 농도에서 낮은 농도로 확산되며 우리가 기분 좋은 책 냄새를 맡을 수 있는 거예요. 공기 중에 책을 오랫동안 펼쳐 놓으면 책 냄새가 처음처럼 진하지는 않겠지요.

Q 왜 전기가 통하는 코일을 철심에 감으면 자기장이 강해질까?

앙페르의 분자전류에 대해 들어 본 적이 있나요? 앙페르는 고리 모양의 전선인 코일에 전류가 흐르면 막대자석과 비슷한 자기장을 만들어 낸다는 것을 발견했어요. 나아가 자석이 자성을 띠는 이유도 작은 입자 속에 고리 모양의 전류가 흐르기 때문이라고 했고, 이를 분자 전류라고 불렀어요. 놀랍게도 이는 자석의 근원을 거의 정확하게 설명하는 표현이에요. 이후에 고리 모양의 전류가 흐르게 하는 것은 원자 속 전자임이 밝혀졌고, 원자 하나하나가 자성을 띨 수 있다는 것을 알게 됐죠.

현대에는 자성의 근원이 되는 원자 하나하나를 원자자석이라고 불러요. 원자자석에 고리 모양의 전류가 흐르는 것은 (−)전하를 띤 전자가 회전 운동을 하기 때문이에요. 이때 회전 운동이라는 것은 전자가 원자핵 주위를 궤도 운동하는 것과 전자 자체가 지닌 고유의 스핀 모두를 말해요.

원자는 종류에 따라 자성을 띠지 않기도 하고 자성을 띠기도 해요. 원자가 자성을 띠고 있더라도 대부분의 물질은 각 원자의 불규칙한 열운동을 통해 원자자석들이 무작위로 배열돼요. 따라서 평소에 자기화되지 않을뿐더러 외부 자기장에도 강하게 반응하지 않죠. 하지만 몇몇 물질들은 복잡한 스핀 간 상호작용으로 인해 원자자석이 알아서 같은 방향으로 정렬하는데요. 이런 물질들을 강자성체라고 합니다. 철이 대표적인 강자성체예요.

철과 같은 강자성체 안에는 자성을 띠는 영역인 '자구(magnetic domain)' 가 있습니다. 앞서 설명했듯이 철심 속의 원자자석들은 스스로 일정한 방향 으로 배열되어 자성을 띠지만, 이 효과는 철심 전체에 걸쳐 나타나는 것이 아 니라 작은 영역인 자구 안에서 나타나요. 평소에는 자구 조각들이 저마다 다 른 방향을 가리키고 있기 때문에, 외부 자기장이 없는 평범한 상황에서 철심 은 자성을 띠지 않죠.

이때 외부 자기장이 가해지면 외부 자기장과 방향이 비슷한 자구는 다른

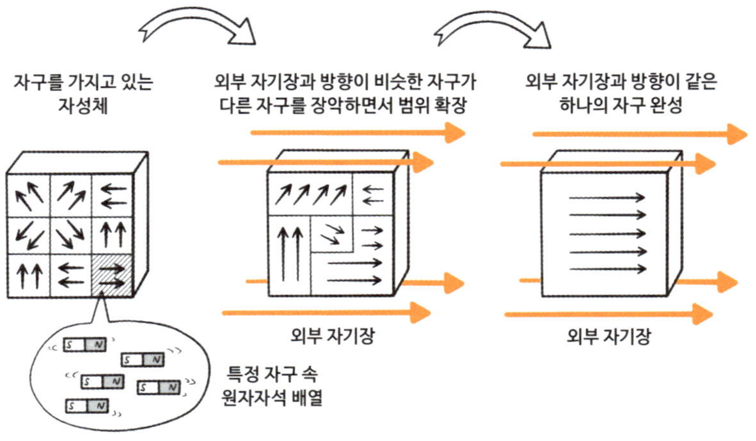

자구들을 하나둘 장악하기 시작하고, 결국 방향이 같은 하나의 자구가 돼요. 강자성체가 아닌 물질도 외부 자기장을 따라 원자자석이 어느 정도 정렬하긴 하는데요. 강자성체에서의 정렬이 훨씬 가지런하기 때문에 외부 자기장에 더 강하게 반응해요. 따라서 철심이 외부 자기장과 같은 방향으로 강력한 자기장을 함께 만들어 주기 때문에, 전체 자기장이 훨씬 강해지는 거예요.

Q 물체를 만질 때 느끼는 감각은 원자를 만질 때 느끼는 감각일까?

물체를 만진다는 것은 원자를 만지는 것으로 볼 수 있습니다. 물체를 만질 때 원자 속 전자구름(전자가 원자핵 주위에 존재하는 확률적 형태)이 겹치기 때문이지요. 어떤 물체를 눌렀을 때 손이 그 물체를 무한정 뚫고 들어갈 수 없는 이유는 원자의 전자구름이 서로를 밀어내기 때문입니다.

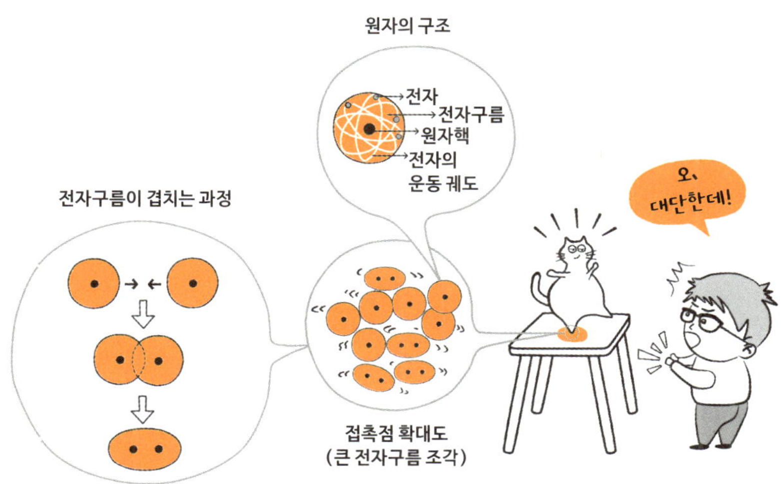

일상생활에서 흔히 볼 수 있는 현상들은 대부분 만유인력 혹은 전자기력과 관련이 있어요. 예를 들어 지구의 중력과 조석력은 만유인력이 만드는 힘이고, 압력과 마찰력은 전자기력이 만드는 힘이지요. 사람이 느끼는 모든 감각은 기본적으로 전자기력에 의한 현상입니다. 재미있는 것은 사람은 만유인력을 직접적으로 느낄 수 없다는 사실이에요. 우리는 발바닥에서 느껴지는 압력이나 무중력 상태를 통해 간접적으로 중력을 느낄 수 있지요. 실제로 우리가 느끼는 것은 모두 전자기력에 의한 현상입니다.

Q 전자도 물질의 일종일까?
그렇다면 전자는 어떤 원소로 이루어져 있을까?

전자는 물질의 일종이지만 원소로 이루어져 있지 않습니다. 물리학자들은 전자를 발견한 덕분에 원자가 더 작은 입자로 나눠질 수 있다는 사실을 알게 되었어요. 원자는 양성자와 중성자로 이루어진 원자핵과 핵 밖에 있는 전자로 구성됩니다. 원자핵의 양성자수가 원소의 종류를 결정하지요.

전자는 무엇으로 이루어져 있을까요? 답변을 위해 물리학자가 세상을 표현하는 기본적인 물리 이론인 '표준 모형'을 살펴봅시다. 표준 모형은 이 세상이 몇 가지 기본 입자로 이루어져 있다고 설명해요. 기본 입자는 반정수(1/2) 스핀을 갖는 페르미온과 정수(0, 1) 스핀을 갖는 보손으로 나뉘어요. 페르미온은 여러 물질의 구성을 책임지고, 보손은 물질 간의 상호작용을 전달하죠.

보손에는 전자기 상호작용의 매개체인 광자, 약한 상호작용의 매개체인 W보손과 Z보손, 강한 상호작용의 매개체인 글루온, 신의 입자라 불리는 힉스

브손이 있어요. 페르미온에는 여섯 가지 쿼크(위, 아래, 맵시, 기묘, 꼭대기, 바닥 쿼크)와 여섯 가지 경입자(전자, 뮤온, 타우 입자, 전자 중성미자, 뮤온 중성미자, 타우 중성미자), 그리고 이들의 반물질이 있지요. 세 개의 쿼크나 반쿼크가 결합하면 양성자나 중성자 같은 중입자(baryon)가 됩니다. 예를 들어 양성자는 두 개의 위 쿼크와 하나의 아래 쿼크로 이루어져 있어요.

쿼크 하나와 반쿼크 하나가 결합하면 중간자(meson)가 돼요. 그 예로 물리학자 새뮤얼 차오 충 팅이 발견한 '제이/프시 중간자'가 있어요. 맵시 쿼크 하나와 반 맵시 쿼크로 이루어진 중간자죠. 이렇게 눈이 어지러울 정도로 복잡한 입자들이 이 세상을 다채롭게 만들고 있답니다.

질문으로 돌아와서, 표준 모형에서 전자는 경입자(lepton)의 일종으로 더 작은 입자로 나누어지지 않는 기본 입자예요. 지금까지 진행된 여러 실험에서는 전자를 구성하는 더 작은 입자가 밝혀지지 않았어요.

**Q 금속 숟가락 뒷부분에 마커 펜으로 글자를 쓴 다음,
물을 채운 그릇에 숟가락을 담그고 흔들면 글자가 둥둥 뜬다.
이 현상은 어떤 원리로 만들어지는 것일까?**

모든 마커 펜의 글자가 숟가락에서 떨어져 물에 뜨는 것은 아닙니다. 화이트보드용 마커를 썼을 때만 질문에서 말한 현상을 볼 수 있지요. 내구성이 좋은 마커 펜으로 쓴 글자는 화이트보드용 마커로 쓴 글자와 달리 아주 오래 남고 잘 지워지지 않아요. 보통 화이트보드에 쓴 글자는 잘 지워지잖아요. 화이트보드의 글자가 쉽게 지워진다는 것은 그 글자가 화이트보드에 단단히 붙어 있지 않다는 뜻이겠지요.

화이트보드용 마커 잉크에는 주로 휘발성이 높은 아이소프로필 알코올 용매에 수지, 색소, 이형제 등이 녹아 있습니다. 이형제란 잘 달라붙지 않고 쉽게 떨어질 수 있게 도와주는 물질이에요. 보통 유동파라핀 등의 유성 물질을 사용해요. 화이트보드용 마커로 글자를 쓰면 휘발성 용매는 날아가고 화이트보드에는 얇은 수지층이 남지요. 이때 이형제는 보호막 역할을 해서 수지와 화이트보드가 너무 딱 달라붙지 않고 어느 정도 거리를 두게 만들어요. 그래서 화이트보드용 마커로 쓴 글자는 쉽게 지워지는 거예요.

질문으로 돌아가서, 금속 숟가락에 화이트보드용 마커로 글자를 쓴 다음 물에 담그면 유성 물질인 이형제는 수지 성분의 글자에 막을 입혀서 금속 숟가락과 떨어지게 만들어요. 그래서 글자가 물에 둥둥 뜨는 거랍니다.

Q 드라이기 바람으로 탁구공을 공중에 띄우는 것은 어떤 원리 때문에 가능할까?

이 현상을 설명할 때 '유체가 흐르는 속도가 빨라질수록 압력은 낮아진다'는 베르누이의 원리를 주로 사용합니다. 탁구공 주변의 공기가 빠르게 흘러서 압력이 낮아졌기 때문에 탁구공이 좌우로 움직이지 않고, 위쪽으로 밀어내는 드라이기의 바람이 탁구공이 받는 중력을 상쇄해서 결과적으로 탁구공이 둥둥 뜬다고 하는 것이지요.

하지만 베르누이 방정식은 압축성과 점성이 없는 이상 유체에서, 유체의 흐름이 안정적일 때와 같은 특정 조건에서 정리된 이론이에요. 이를 충족하지 않는 질문의 상황을 베르누이 원리만으로 설명하는 데는 한계가 있죠. 많은 학자들이 이 현상은 '코안다 효과'를 고려해야 한다고 보고 있어요.

코안다 효과는 무엇일까요? 코안다 효과란 빠르게 이동하는 유체가 어떤 물체를 마주치면 원래의 공기 흐름에서 벗어나 물체의 굴곡진 표면을 따라 흐르는 현상을 말합니다.

공기가 탁구공 옆으로 흐르면 기체는 탁구공의 표면을 에워싼 채로 움직이다가 어느 정도 시간이 지나면 탁구공에서 벗어날 것처럼 보여요. 이때 공기의 안쪽과 바깥쪽의 압력 차이가 생기고 공기의 흐름이 탁구공을 향해 휘어지게 하는 구심력이 생겨요. 그러면 공기는 탁구공 표면을 따라 흐르고, 탁구공을 감싸며 흐르는 공기의 압력으로 탁구공이 안정적으로 뜨게 됩니다.

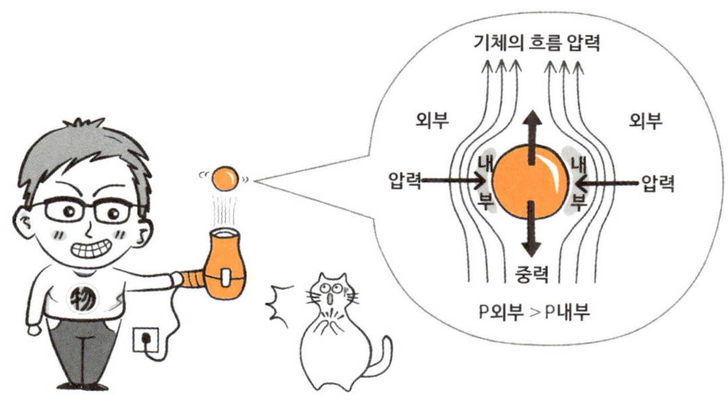

Q 왜 용기에 담긴 액체는 가운데가 우묵하게 들어갈까?

일상에서 용기에 액체를 담았을 때 가운데가 우묵하게 들어가는 현상을 종종 볼 수 있어요. 마치 용기가 액체에 신기한 힘을 가해 끌어당기는 것처럼 보이지요. 실제로 용기는 액체를 끌어당기는데, 용기가 당기는 효과가 액체 분자끼리 당기는 효과보다 크면 액체는 우묵하게 들어간 모양이 됩니다.

물과 유리 용기를 예로 설명해 볼게요. 유리 용기 안에 담긴 물이 푹 꺼지거나 불룩 튀어나오는 것은 물, 공기, 유리 사이의 표면 자유 에너지 σ(물질 표면에서 입자끼리의 상호작용 에너지)와 관련이 있습니다. 물과 유리 표면 사이의 각도 θ, 다시 말해 유리 표면이 위로 솟은 액체를 붙잡아서 만들어진 각을 '접촉각'이라고 해요. 아래 그림을 참고하세요.

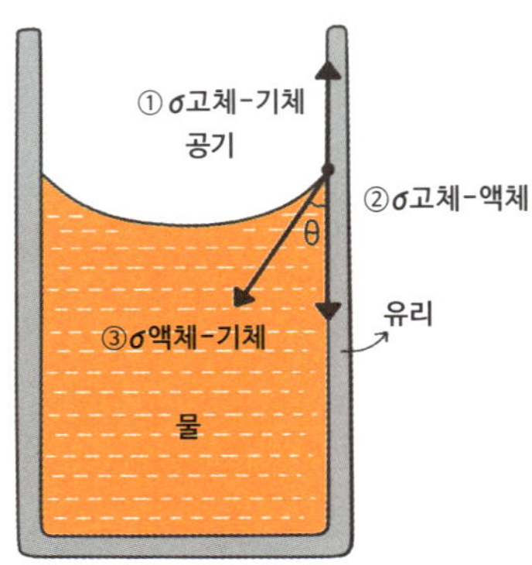

이때 식 ① = ② + ③ $\cos\theta$가 성립합니다. 만약 ③ > ② - ①이고, 접촉각 θ가 90°보다 작으면 물이 유리에 달라붙게 되죠. 결과적으로 표면 자유 에너지의 차이가 바로 수면을 움푹 들어가게 만드는 신기한 힘의 정체입니다.

물속의 물 분자와 유리 입자 모두 표면의 물 분자를 끌어당겨요. 물속의 물 분자가 표면의 물 분자를 끌어당기는 방향으로 공기 분자도 힘을 보탭니다. 유리 입자가 물 분자를 끌어당기는 힘이 물 분자 사이에 서로 끌어당기는 힘보다 강하면 물 분자는 유리 표면에 달라붙겠지요. 다시 말해 표면의 물이 용기를 타고 올라가서 수면의 가운데가 움푹하게 들어가는 거예요.

모든 액체가 용기에 달라붙는 것은 아니에요. 만약 유리 용기에 수은을 담는다면 수은 중심부가 위로 볼록하게 솟아오르는 것을 볼 수 있을 거예요.

파라핀으로 만든 컵에 물을 담아도 물의 중심부가 위로 볼록하게 솟아오른 답니다.

과학자들은 양성자, 중성자, 전자 등 입자의 질량을 어떻게 알아냈을까?

전하를 띠는 입자의 질량을 측정할 때는 입자가 가지는 전하량과 질량의 비율, 즉 비전하(전하량÷질량)를 먼저 측정합니다. 입자의 비전하를 측정하고 전하량을 통해 질량을 계산하는 거죠. 전자와 양성자의 비전하는 전하를 띠는 입자가 전기장을 따라 움직일 때 보이는 편향을 이용해 어렵지 않게 알아낼 수 있어요. 고전역학과 전자기학을 함께 고려해야 하는 것이지요. 이것은 아주 직접적인 측정 방법이에요.

중성자는 전하를 띠지 않기 때문에 질량을 측정하는 방법이 조금 더 복잡합니다. 단일 중성자의 질량을 쉽게 측정할 수 없으니 중성자를 포함한 단순한 원자핵의 질량을 통해 알아내야 했죠. 원자핵에는 중성자도 있지만 양성자도 있어서 전하를 띠고 있으니까요. 수소의 동위원소 중 경수소 원자핵에는 중성자가 없지만, 중수소 원자핵에는 중성자가 하나 있어요. 물리학자들은 이 두 가지 입자를 비교해 질량 차이를 계산하지만, 그 차이가 정확한 중성자의 질량은 아니에요. 중성자와 양성자의 강한 상호작용으로 인한 결합 에너지가 원자핵의 질량에 영향을 주기 때문이죠. 물리학자들은 중성자가 양성자에게 붙잡힐 때 내보내는 광자 에너지를 측정해서 결합 에너지까지 알아냈어요. 이렇게 여러 측정값을 통해 중성자의 질량을 간접적으로 계산할 수 있었답니다.

 온도를 직접 잴 수 없는 물체의 온도는 어떻게 잴까?

우리는 보통 알코올 온도계로 기온을 재고, 수은 온도계로 체온을 잽니다. 하지만 이 두 가지 온도계로 온도를 잴 수 없는 것도 꽤 많아요. 예를 들어 융해된 쇳물은 일반적인 온도계로 측정할 수 있는 것보다 훨씬 뜨겁죠. 다행히 과학자들이 물체의 복사 스펙트럼과 온도 사이의 관계를 알아냈어요. 덕분에 물체가 방출하는 가시광선이나 적외선과 같은 복사 스펙트럼을 통해 그 온도를 알 수 있습니다. 그래서 아주 뜨거운 물체의 온도를 재는 것이 가능해졌어요.

이 방법에는 또 다른 장점이 있어요. 온도를 측정할 물체를 가까이에서 만지지 않아도 된다는 점이에요. 적외선 감지를 통해 비접촉식 체온계도 만들 수 있게 됐죠. 심지어 태양의 온도도 잴 수 있답니다. 사실 온도 범위마다 측정하는 방법이 다르고, 측정 방법마다 나타낼 수 있는 정밀도 기준도 달라요. 그래야만 물체의 온도를 정확하게 측정할 수 있거든요.

 마찰로 전기를 일으켜서 발전기를 만들 수 있을까?

그럼요! 일상에서 흔히 볼 수 있는 발전기의 원리는 대부분 패러데이의 전자기 유도 법칙입니다. 닫힌 회로를 통과하는 자기선속이 변화할 때 유도전류가 만들어진다는 원리죠. 혹은 도선이 자기력선을 끊어서 유도전류가 만들어진다고 할 수도 있고요. 이 원리를 이용해 전기를 만드는 방식에는 화력 발전, 수력 발전, 풍력 발전, 핵발전 등이 있습니다. 전자기 유도는 역학적 에너지를 우리의 일상생활과 산업에 사용할 수 있도록 전기 에너지로 전환해

주는 역할을 해요.

그 밖에도 광전 효과, 열전 효과, 압전 효과 등 전류가 발생하는 미시적 현상은 아주 다양합니다. 이러한 현상들은 이론상 발전기처럼 어떤 에너지를 전기 에너지로 바꿀 수 있는 잠재력을 가지고 있어요. 또한 태양 전지와 압전 세라믹처럼 다양하게 응용할 수도 있고요.

마찰 전기 발전기는 재료를 마찰했을 때 전기가 생기는 현상을 이용합니다. 중국과학원에서는 한 연구를 통해서 표면에 나노 구조를 입힌 플라스틱 필름을 마찰했을 때 정전기가 일어난다는 것을 알아냈어요. 이때 만들어지는 전압과 전류는 압전 효과로 인해 만들어지는 전압과 전류보다 수십 배는 더 커요. 이 실험에서 에너지 전환율은 55%고, 총 전기 전환율은 85%에 달했어요.

마찰 전기는 아주 흔히 볼 수 있는 현상인데다 재료 기준이 까다롭지 않아서 대규모로 생산할 수 있습니다. 또한 일반적인 방법으로는 에너지를 전환할 수 없었던 자연 현상이나 인류가 놓쳤던 행동을 응용할 수 있는 잠재력이 있어요. 2017년에는 마찰 전기 나노발전기 기술을 기반으로 한 에너지 발전 네트워크 장치가 안정적으로 전기를 만들기도 했답니다.

Q **황산과 콜라는 산성도가 pH 2.7로 똑같은데,
왜 황산은 마시면 안 되고 콜라는 마셔도 될까?**

우선 어떠한 실험용 시약도 먹어서는 안 된다는 것을 강조하고 싶어요. 시약을 만지거나 사용할 때는 반드시 장갑과 안전 장비를 갖추어야 하고, 실험실게서는 절대 아무것도 먹으면 안 돼요. 앞으로 이야기할 내용은 그저 상상

이라는 것을 명심하세요.

pH 2.7의 황산은 이론상 조금만 먹으면 생명에는 아무런 지장이 없습니다(하지만 이건 이론적인 이야기일 뿐, 실험용 시약은 대개 인체에 해롭기 때문에 절대 먹으면 안 돼요!). pH 2.7인 황산의 농도는 겨우 0.005mol/L로, 아주 묽은 상태예요. 참고로 화학 실험에서 많이 사용하는 0.5M(몰) 묽은 황산의 농도가 0.5mol/L 정도 됩니다. pH 2.7의 저농도 황산에 들어 있는 수소 이온은 사람과 같은 유기체에 별 위협이 되지 않아요. 황산이온을 많이 먹으면 심한 배탈이 날 수는 있어요. 다시 한번 강조하지만 절대 먹으면 안 됩니다. 자신과 친구들의 생명을 가지고 장난치지 마세요.

콜라를 산성으로 만드는 주성분은 용해된 이산화탄소와 인산입니다. 두 가지 물질은 무언가를 손상시키는 부식성이 강하지 않아요. 한 가지 위험이 있다면 여러분의 치아를 약하게 만든다는 것이지요. 건강을 위해 콜라는 조금만 마시기로 해요.

묽은 황산 대신 진한 황산을 쓰면 상황은 더욱 위험해져요. 진한 황산의 위험성은 무시무시합니다. 그러니까 절대로 먹으면 안 돼요. 진한 황산은 산성, 산화성, 탈수성이 있어요. 산화성을 가진다는 것은 전자를 쉽게 잃는다는 것을 의미해요. 따라서 진한 황산은 금속 표면에 산화막을 만들 수 있죠. 유기물에 많이 들어 있는 환원성 하이드로기(-OH)는 진한 황산 앞에 무조건 고개를 숙일 수밖에 없어요.

나아가 진한 황산의 탈수성은 유기물에 들어 있는 수소와 산소를 빼앗을 수 있어요. 이것이 참고서에 나오는 진한 황산과 설탕의 반응입니다. 어떠한 생명체도 이런 상황에서 무사할 수 없어요.

일부 산성 물질에 저항할 수 있는 유일한 생명체는 사람과 같은 포유동물이에요. 다만 비교적 약한 메타산으로 이루어진 식품과 음료에 한합니다. 진한 황산, 진한 염산 등 강한 산성을 띠는 것에는 몸이 버틸 수 없거든요. 사람의 소화기관은 세포에서 분비되는 점막으로 한 겹 덧씌워져 있어요. 점막층은 소화기관 표면에 있는 상피 세포가 산성 혹은 염기성 물질에 닿아 상하지 않도록 보호해 주는 역할을 합니다. 더구나 상피 세포 자체가 다양한 산성, 염기성 식품에 대한 내성이 원래 높아요.

그뿐만이 아니에요. 우리의 위는 위액으로 채워져 있어요. 위액은 pH가 1.5~3.5 정도 되는 염산과 단백질 분해 효소로 이루어져 있죠. 위가 스스로 염산을 분비한다니 놀랍죠? 수소 이온은 위벽에서 주로 분비돼요. 콜라와 같이 pH 2.7인 산성 음료나 음식은 위 앞에서 기를 펼 수가 없어요. 산성 음료나 음식은 소화를 거쳐 위산과 함께 십이지장으로 들어가고, 장에서 분비된 탄산수소나트륨과 만나 중화됩니다. 상대적으로 염기성이 강한 혼합물로 변해서 몸에 흡수되거나 몸 밖으로 배출되지요.

정리하자면 부식성이 없고 산성이 강하지 않은 식품 등급의 액체, 예를 들어 pH 2 정도 되는 콜라나 오렌지주스는 몸이 충분히 받아들일 수 있어요. 하지만 실험용 시약은 어떤 경우에도 먹으면 안 돼요. pH 7의 중성 물질이라도 예외는 아니에요.

 왜 핵폭발이 일어나면 버섯 모양의 구름이 생길까?

엄밀히 말해서 모든 핵폭발이 버섯 모양의 구름을 만드는 것은 아닙니다. 핵폭발이 지하에서 일어나는 경우는 예외죠. 버섯 모양의 구름이 만들어지는 지표 핵폭발을 생각해 볼게요.

지표면에서 핵폭탄 하나가 터지면 아주 짧은 시간 안에 어마어마한 양의 에너지가 방출되면서 주변의 공기를 비롯한 여러 물질이 빠르게 뜨거워져요. 데워진 공기는 팽창하고 밀도가 작아지지만, 핵폭발이 일어난 지점의 위쪽 공기는 밀도가 비교적 큰 편이에요. 그래서 밀도가 큰 공기가 밀도가 작은 공기의 윗부분을 뒤덮는 현상이 나타나죠. 이런 현상은 기름 표면에 물이 한 겹 둘린 것처럼 안정적이지 않아요. 밀도가 다른 두 유체가 서로 영향을 주고받으며 움직이는데, 이런 현상을 '레일리-테일러 불안정성'이라고 합니다.

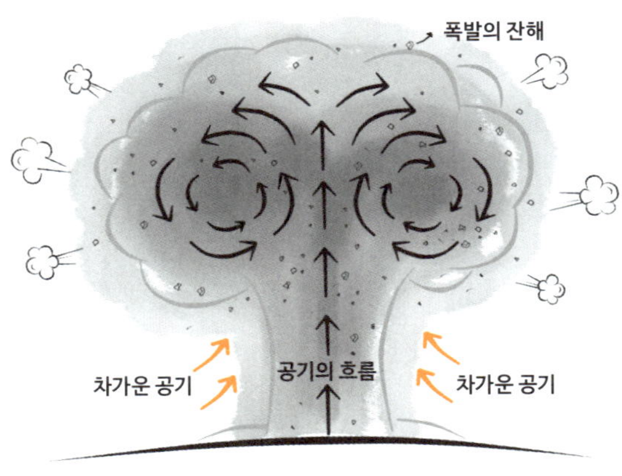

　밀도가 작은 뜨거운 공기가 밀도가 큰 차가운 공기를 뚫고 위로 올라가면 원래 뜨거운 공기가 있던 공간은 어떻게 될까요? 주변의 차가운 공기가 폭발로 생긴 부스러기를 휩쓸면서 밀려 들어와 그 자리를 차지하겠지요. 뜨거운 공기는 계속 위로 올라가고, 차가운 공기는 그 뒤를 따라 들어와 공간을 메우면서 버섯구름이 위로 솟아오르는 모습을 볼 수 있습니다. 다만 뜨거운 공기는 올라가면서 온도가 차츰 떨어지기 때문에 버섯구름이 한없이 솟아오르지는 않아요.

　그렇다면 버섯구름의 윗부분이 우산 모양인 이유는 무엇일까요? 뜨거운 공기가 차가운 공기를 머리에 이고 올라가다 보면 차가운 공기의 저항을 받아서 옆으로 퍼지겠지요. 상상해 보세요. 길쭉한 고무찰흙의 가운데를 위에서 손으로 가볍게 누르면 고무찰흙의 윗부분이 옆으로 퍼지지 않을까요?

핵폭발이 일어났을 때만 버섯구름이 생기는 것은 아니에요. 에너지가 큰 폭발은 대부분 버섯구름을 볼 수 있어요. 예를 들어 '폭탄의 어머니'라고 불리는 대형폭탄 모압(MOAB)도 폭발할 때 버섯구름이 생긴답니다.

Q 나무 막대가 부서지지 않는다고 가정하고, 길이가 1광년인 나무의 한쪽 끝을 힘껏 밀면 1광년 멀리 떨어져 있는 반대쪽 끝부분도 바로 움직일까?

그렇지 않아요. 물리적 관점에서 봤을 때 매질인 나무막대가 힘을 전파하는 속도는 음속과 비슷하거든요. 고체의 음속은 보통 5,000m/s로, 광속에 비하면 굉장히 느린 편이에요. 힘이 전달되는 속도는 절대 광속보다 빠를 수 없습니다.

음속과 힘을 전달하는 속도를 연결해서 생각하는 것이 이상하지요? 우선 음속에 대해 떠올려 봅시다. 소리의 속력을 '고체 〉 액체 〉 기체' 순으로 나열하는 것을 들어 봤을 거예요. 친구가 기다란 펜스의 한쪽 끝부분을 두드리고 여러분이 펜스의 다른 한쪽 끝에서 그 소리를 듣는다고 했을 때, 펜스를 통해 첫소리를 듣는 동시에 펜스의 진동도 느낄 수 있을 거예요. 소리는 진동을 따라 전해지거든요. 힘이 진동을 일으키고, 진동이 일어나면 소리가 들리는 것이지요.

좀 더 자세히 설명해 볼게요. 나무막대 같은 매질은 원자 등 여러 입자로 구성되어 있습니다. 하나의 입자는 외부에서 힘을 받기 전까지는 주로 이웃한 입자에서 전기력만 받으면서 힘의 평형 상태에 놓여요. 그러다 매질의 한쪽 끝이 힘을 받으면 그 부분에 있는 입자들이 움직여요. 힘을 받지 않은 다른 입자들은 당연히 움직이지 않겠지요. 이때 움직이는 입자들은 주변에 있는 일부 전기장을 변화시킵니다. 그럼 주변에 있는 입자들은 힘의 평형 상태가 깨지기 때문에 덩달아 움직이면서 뒤쪽에 있는 입자들에 영향을 미치겠지요.

참고로 전기력은 거리가 조금만 멀어져도 크게 약해지기 때문에 멀리 있는 입자에 대한 전기력은 거의 무시해도 돼요. 이 과정에서 속도가 가장 빠른 단계는 변화한 전기장이 근처에 있는 입자로 전달되는 순간이라는 것을 알 수 있습니다. 광속과 똑같은 속도죠. 반면 속도가 비교적 느린 단계는 주변에 있는 원자가 호응하고 움직이는 순간이에요. 다만 두 속도의 움직임을 같이 고려하면 움직임의 전달은 아무리 빨라도 낮은 진동수의 종파 속도에 불과하답니다.

 쇳물로 '루퍼트 왕자의 눈물'을 만들 수 있나요?

우선 '루퍼트 왕자의 눈물'이라는 신비한 존재가 무엇인지 알아봅시다. 루퍼트 왕자는 영국 찰스 1세의 조카로 유명한 왕족 과학자였고, 17세기에 이 신비한 존재를 영국으로 가져오면서 알려졌습니다. 유리를 뜨겁게 녹인 후 차가운 물에 이것을 한 방울 떨어트리면 아래는 굵고 위는 가는 눈물 모양이 나옵니다. 이때 굵은 부분의 단단함이 그 무엇과도 비교하지 못할 정도인데 꼬리 부분은 강도가 약해요.

현대 과학자들이 분석한 바에 따르면, 구슬의 외부는 압축력이, 내부에서는 장력이 작용한다고 해요. 표면에 강한 압축력이 작용하기 때문에 외부에

서 강한 힘으로 표면을 변형하려 해도 이 부분의 균열이 늘어나는 것을 압축
력이 막아 줘서 균열이 퍼지지 않는 원리입니다.

이렇게 만들어진 루퍼트 왕자의 눈물의 '머리' 부분은 매우 단단해 웬만
하선 절대 부서지지 않아요. 발사된 총알에 맞아도 멀쩡한 정도가 아니라 총
알이 박살 나고요. 유압프레스에 눌려도 크기에 따라 1톤부터 50톤까지도
버티며 오히려 유압프레스에 자국이 생길 정도로 엄청난 내구성을 보여 줍니
다. 그러나 꼬리 부분은 약간의 압력이나 충격만 가해도 머리 부분과 함께 터
지면서 순식간에 가루가 되어 버려요.

'루퍼트 왕자의 눈물'이 이런 특징을 가지는 이유가 궁금하죠? 루퍼트 왕
자의 눈물을 만드는 과정에서 유리의 외부는 물에 직접 닿아 비교적 빨리 굳
어 표면이 압축되고, 내부에 액체 상태로 남아 있는 유리가 서서히 굳어 수축
하면서 외부의 굳은 표면에 붙어 큰 장력을 가진 상태로 남기 때문에 이러한
현상이 나타납니다.

'루퍼트 왕자의 눈물'은 유리의 특성 때문에 만들어집니다. 유리를 이루는
입자는 유동성이 낮은 편이라 입자 운동으로 재료 내부의 응력을 떨어뜨리
기 힘들거든요. 그러면 유리가 아니라 쇳물을 가지고 만들면 어떻게 될까요?
쇳물 방울이 차가운 물에 떨어져 빠르게 굳는다 해도 분자의 유동성이 크기
때문에 두꺼운 머리 부분 표면의 압축응력은 별로 강하지 않아요. 그럼 미세
한 균열은 표면에만 생기는 것이 아니라 안쪽으로도 번지게 돼요. 결과적으
로 작은 압축응력만으로도 전체가 부서질 수 있겠지요.

그 밖에도 강도를 비롯해 철의 고유 특성들이 유리와 많이 다르기 때문에
쇳물이 물속에서 '루퍼트 왕자의 눈물'과 비슷한 모양으로 굳는다 해도 성질
까지 같아질 수는 없어요. 쇳물 외에 다른 재료를 사용해 똑같이 '루퍼트 왕
자의 눈물'을 만든다고 해도 겉모습만 비슷할 뿐이지요.

집에서는 유리막대 말고도 고농도 설탕 시럽을 이용해 '루퍼트 왕자의 눈물'을 만드는 실험을 해 볼 수 있어요. 농도가 95퍼센트가 넘는 설탕 시럽은 분자의 유동성이 낮아서 거의 움직이지 않기 때문에 일종의 설탕 유리가 될 수 있거든요. 재료학 관점에서 보면 설탕 유리가 유리와 성질이 비슷해서 '루퍼트 왕자의 눈물'을 만들 수 있답니다.

고온에서 융해된 유리막대가 차가운 물에
떨어지면 루퍼트 왕자의 눈물이 됩니다.

함께한 여행 어땠어?

저 맨홀을 통해
이 세계를
빠져나갈 수 있다네.
또
맨홀이라니….
너무
어지러워….
학생, 어디로 돌아갈지는
자네가 선택하게!
어라?
좋아, 이 길이다!
이번 선택은 절대
틀리지 않을 거야!
이쪽으로
가자!
어디로 가야 하지?
정말 잊지 못할
여행이었어….

"역시 총장님이시네요. 제가 받았던 그 어떤 질문보다 까다로웠어요!"

물리 군이 이마에 맺힌 땀을 닦았다. 어렵사리 문제를 다 풀었고 물리대학교를 둘러보는 것도 어느 정도 마무리되었다. 이제 원래 살던 세계로 돌아갈 방법을 들을 차례였다. 그런데 총장은 물리 군과 슈냥이를 공터로 데려갔다. 물리 군이 주변을 둘러봤다. 공터에 웬 맨홀이 하나 있는 게 아닌가?

총장이 빙그레 웃으며 말했다.

"학생, 마지막으로 몇 가지 질문에 답하면 돌아가는 길을 선택할 수 있네!"

"설마, 총장님이 말씀하셨던 첨단 설비가 왔던 길로 되돌아가는 건가요?"

물리 군이 놀라 눈을 동그랗게 떴다. 하지만 집으로 돌아가고 싶은 마음이 굴뚝같았기 때문에 계속 문제를 풀 수밖에 없었다.

물리 군은 마지막 문제를 다 풀었다. 하지만 처음 맨홀 안으로 떨어졌을 때 느꼈던 고통을 다시는 경험하고 싶지 않았다. 총장에게 원래 세계로 돌아갈 다른 방법은 없는지 묻고 싶었다. 그런데 그때, 슈냥이가 대뜸 맨홀 속으로 뛰어드는 것이 아닌가! 머리보다 몸이 먼저 반응한 물리 군은 슈냥이를 따라 맨홀 속으로 뛰어들었다.

순간 하늘이 빙빙 돌았다. 물리 군이 정신을 차려 보니 맨홀 안에는 수많은 갈림길이 펼쳐져 있었다. 곧이어 총장의 마지막 당부가 귓가에 울려 퍼졌다.

"학생, 어디로 돌아갈지는 자네가 선택하게…"

물리 군은 혼잣말을 중얼거렸다.

"고민할 것도 없이 당연히 원래 세계로 돌아가야지!"

그런데 대체 어느 길이 원래 세계로 돌아가는 길이란 말인가? 그 순간, 물리도에서 만났던 사람들, 그동안 겪었던 재미있는 사건들과 열심히 풀었던 물리 문제들이 머릿속에 떠올랐다.

물리 군은 뜻밖에도 조금 망설여졌다. 왠지 갈림길 너머에 있을 미지의 세상도 나쁘지 않을 것 같다는 생각이 들었기 때문이다. 어쨌든 물리는 물

론이고, 과학의 모든 영역은 미지의 세계를 탐구해야 발전할 수 있으니까!

"냐아옹!"

슈냥이는 어디로 갈지 길을 정한 듯 앞발을 척 내밀었다.

"역시 너도 나랑 같은 생각이구나!"

물리 군은 자신의 이번 선택이 절대 틀리지 않을 거라고 확신하며 슈냥이가 가리킨 쪽으로 걸음을 옮겼다.

또 만나!
안녕

자전거

Q 타이어는 고무바퀴 안쪽에 나일론이 그물처럼 붙어 있고, 속이 텅 비어 있다. 타이어는 왜 속을 꽉 채우지 않는 걸까?

모든 타이어의 주재료는 고무지만 하중을 버티기 위해 쓰는 내부 소재는 다양합니다. 일상에서 흔히 볼 수 있는 자전거, 오토바이, 자동차의 타이어는 버텨야 하는 하중이 비교적 작아서 나일론을 사용해요. 하지만 공업용 기계나 비행기 등에 쓰는 타이어는 안쪽에 철심을 붙여야 무게를 지탱할 수 있지요. 그 밖에 면이나 레이온 같은 직물도 하중을 버티기 위한 내부 소재로 쓰여요.

최초의 타이어는 속이 꽉 차 있었어요. 1845년에 영국의 로버트 톰슨이 공기 타이어를 처음 발명했지요. 그로부터 40여 년이 지난 1888년, 영국의 수의사 존 던롭이 충격을 효과적으로 흡수하는 발전된 공기 타이어를 만들었고, 이 타이어가 널리 보급되었어요.

이때 공기 타이어의 핵심 기능은 충격 완화였어요. 지금 생각해 보면 공기 타이어가 속을 채운 타이어보다 충격 완화 효과가 좋다는 것 외에도 무게가 가볍고, 교체가 쉽고, 지면의 저항을 적게 받는 동시에 지면과의 접촉면이 넓다는 장점도 있네요.

비 오는 날 자전거를 타면 물이 앞으로 튈 때도 있고 뒤로 튈 때도 있다. 물이 튀는 방향은 왜 달라질까?

비 오는 날 자전거를 타면 바닥에 깔려 있던 물이 회전하는 바퀴에 실려 올라갔다가 관성 때문에 허공으로 튀게 돼요. 물이 튀는 방향을 결정하는 것은 물방울이 바퀴에서 벗어나기 직전의 위치와 각도랍니다.

물방울의 위치마다 튀는 각도가 다르지만, 언제나 바퀴의 접선 방향을 따라 튀게 되어 있어요. 아래 그림을 보면 물방울이 막 지면을 벗어났을 때는 뒤로 튀고, 물방울이 반 바퀴쯤 돈 뒤에는 앞으로 튄다는 것을 알 수 있지요. 그래서 물방울마다 튀는 방향이 다른 거예요.

자전거의 바퀴를 삼각형 모양으로 만들 수 있을까?

이 문제에 답하기 위해서는 우선 특수한 삼각형, 바로 뢸로 삼각형에 대해 알아야 합니다. 정삼각형의 각 변을 반지름(r)으로 하는 세 개의 원이 서로의 중심을 통과할 때, 세 원이 겹치는 부분을 이은 것을 '뢸로 삼각형'이라고 해요. 혹은 정삼각형의 세 꼭짓점을 각각 원의 중심으로 잡고, 각 변을 원의 반지름으로 삼는 세 개의 원호를 연결한 도형이라고도 할 수 있어요.

뢸로 삼각형에는 아주 특별한 점이 있어요. 이 도형의 평행한 두 접선 사이의 거리가 모두 같다는 것이지요. 이것은 원에서도 볼 수 있는 특징이에요. 이런 도형들은 모든 방향의 폭이 항상 일정하기 때문에 '정폭도형'이라고도 부릅니다. 물론 원과 뢸로 삼각형 외에도 다른 형태를 갖는 정폭도형은 많아요. 폭이 일정하다는 뢸로 삼각형의 특징을 이용해 물건을 옮길 수 있습니다.

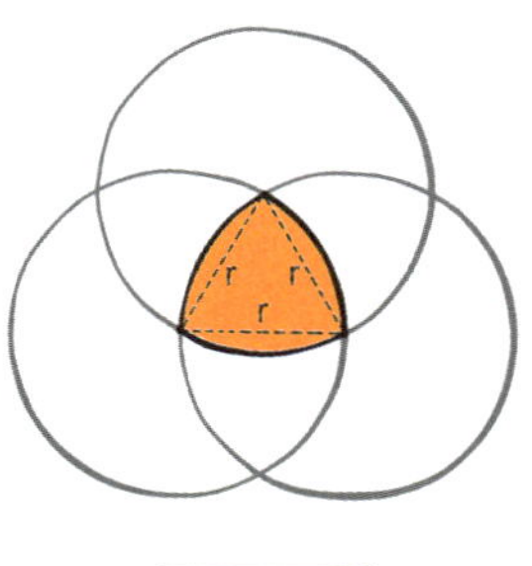

뢸로 삼각형

그림을 보면 뢸로 삼각형으로 바퀴를 만들어도 크게 흔들릴 것 같지 않네요. 실행은 진리를 검증하는 유일한 방법이라고 하지요? 그럼 실제로 뢸로 삼각형 모양의 바퀴로 자전거를 타면 어떨까요? 바퀴를 굴리기 아주 힘들고 몸이 통통 튀어 오를 거예요. 뢸로 삼각형 위에 평평한 널빤지를 올리면 안정적으로 물건을 옮길 수 있지만요. 자전거는 바퀴 위에 널빤지를 올려놓고 타는 것이 아니고 축을 중심으로 바퀴가 돌아야 앞으로 나가는 거잖아요.

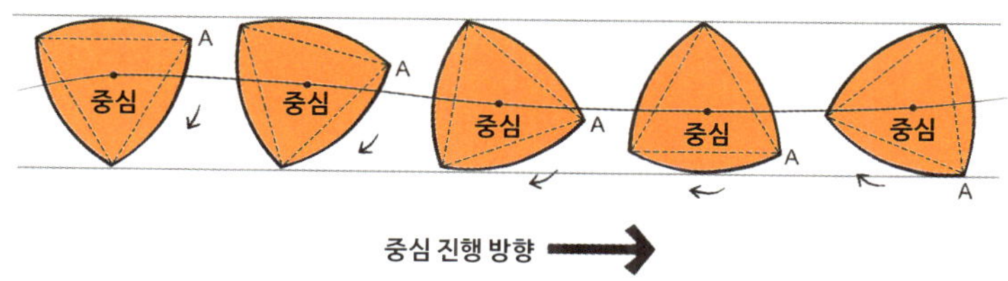

이런 점 때문에 뢸로 삼각형 모양의 바퀴로 자전거를 타면 몹시 흔들리는 거예요. 그림에서 알 수 있듯이 뢸로 삼각형이 굴러갈 때 중심의 높이가 일정하지 않아 흔들림이 생겨요. 그래서 뢸로 삼각형은 자전거 바퀴로 적합하지 않답니다.

자동차

Q 과속방지턱의 경사각은 보통 얼마일까? 자동차가 얼마나 빠르게 달려야 과속방지턱을 지날 때 공중에 뜰까?

과속방지턱의 경사각을 알려면 과속방지턱의 규격과 단면 모양을 알아야 합니다. 규격상 과속방지턱의 폭은 300mm나 350mm, 높이는 30mm나 40mm 혹은 50mm고요. 단면은 등변사다리꼴, 원호, 포물선 등이 있어요. 다음 그림은 단면 모양이 등변사다리꼴과 원호 모양인 과속방지턱의 경사각을 계산한 그림이에요.

그림을 통해 알 수 있듯이 단면의 폭이 350mm에 높이가 30mm일 때 각도가 가장 작고 단면의 폭이 300mm에 높이가 50mm일 때 각도가 가장 큽니다. 계산해 보면 단면이 등변사다리꼴일 때는 경사각이 13.50°≤ θ ≤ 26.57°이고 단면이 원호일 때는 경사각이 19.46°≤ θ ≤36.87°네요. 과속 방지턱의 경사각은 규격과 단면 모양의 차이, 그리고 공간에 따라 달라지지만 평균적으로 20°가 넘어요.

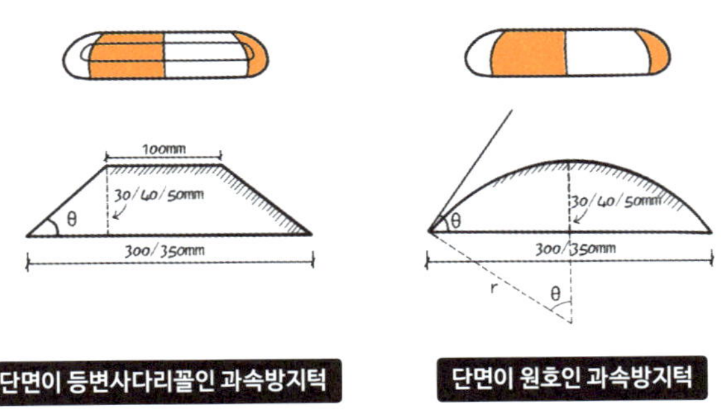

　이번에는 자동차가 공중에 뜨는 문제를 이야기해 볼게요. 빠르게 달리던 자동차는 앞바퀴가 먼저 과속방지턱의 윗부분을 지나며 공중으로 떠오르고 차의 앞머리는 위로 들렸다가 다시 땅으로 내려옵니다. 만약 앞바퀴가 바닥에 닿기 전에 뒷바퀴가 과속방지턱의 윗부분을 지난다면 자동차는 완전히 공중에 뜬 상태가 될 거예요.

　질량(m)이 1,500kg이고 앞바퀴 축과 뒷바퀴 축의 거리가 2.5m인 자동차가 폭 0.3m, 높이 0.05m인 등변사다리꼴 과속방지턱을 지난다고 가정해 봅시다. 자동차는 과속방지턱과 부딪쳐도 바퀴가 눌리거나 축이 움직이지 않는 강체(rigid body)로 보고 과속방지턱을 지나기 전부터 비교적 빠른 속도로 등속운동을 하고 있다고 상상해 볼게요. 추가적인 몇 가지 가정과 역학 법칙을 통해 자동차가 공중에 뜨는 최소 속도를 계산해 보면 약 10km/h 정도입니다.

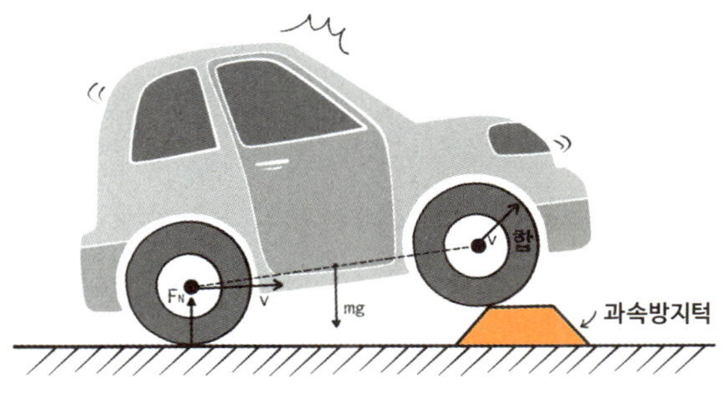

　이렇게 느린 속도로 달리는 자동차가 공중에 뜰 수 있다고요? 말이 안 되지요. 방금 계산할 때는 자동차를 형태가 변하지 않는 강체로 봤지만, 실제로는 바퀴와 바퀴 사이에 연결된 서스펜션이 탄성을 가지고 있어서 충격을 효과적으로 흡수하거든요. 그래서 현실에서는 자동차가 빠르게 과속방지턱을 통과해도 공중에 잘 뜨지 않아요. 다만 '세상에 수많은 길이 있다 해도 안전이 제일'이라는 말이 있지요. 과속방지턱을 지날 때 사람이 많은 지역에서는 10~20km/h, 사람이 많지 않은 지역에서는 15~35km/h의 제한 속도를 지켜야 합니다.

Q 자동차에서 에어컨을 켜면 엔진에서 나온 배기가스가 차 안으로 들어온다는 말이 사실일까? 자동차에서 에어컨을 켤 때 무조건 외기순환 모드를 켜야 할까?

　자동차 에어컨을 사용할 때 내기순환과 외기순환 방식을 선택할 수 있습니다. 두 방식 모두 온도를 조절하고 공기를 순환시키지만 내기순환은 차 안의 공기만을 순환시키고, 외기순환은 차 밖의 공기를 끌어들인다는 차이점이 있지요. 에어컨의 공기 순환 시스템은 보통 엔진 내부와는 완전히 분리되어 있어요. 이론상 자동차가 만든 배기가스가 직접 차 안으로 들어올 수는 없는 거예요.

하지만 외기순환 모드를 켜면 차 안의 공기가 탁해질 때가 있어요. 왜 그럴까요? 외기순환 모드를 켜면 바깥 공기가 차 안으로 들어오기 때문에 다른 자동차가 배출한 배기가스가 흘러드는 것을 막을 수 없죠. 바깥 공기가 깨끗하지 않을 때는 외기순환 모드를 켜지 않는 것이 좋아요.

그렇다고 매번 내기순환 모드만 사용하면 안 돼요. 사람은 숨을 쉬면서 차 안의 산소를 들이마시잖아요. 그런데 외기순환 모드를 켜지 않으면 차 안의 산소가 서서히 바닥나기 때문에 질식 가능성이 있거든요. 차를 탈 때는 적절히 외기순환 모드를 켜거나 창문을 열어서 환기해야 합니다.

평소에는 빈 택시가 많은데, 왜 내가 택시를 잡으려고만 하면 빈 택시가 별로 없는 걸까?

도시는 출퇴근 시간만 되면 길이 꽉 막히지만 모든 지역이 다 그렇지는 않아요. 도시에서도 몇몇 도로만 심하게 막히고 다른 도로는 여유로운 경우도 있지요. 같은 시간이라도 지역이 다르거나 혹은 같은 지역이라도 시간이 다르면 자동차의 유동량은 달라집니다.

매일 차를 모는 베테랑 택시 기사님들은 이런 부분에서 경험이 풍부하므로 언제 어느 지역에 가야 손님을 태울 수 있는지 잘 알아요. 이것이 택시의 분포가 지역과 시간에 따라 달라지는 첫 번째 이유입니다. 여러분에게 택시가 필요할 때는 전체적으로 택시를 잡으려는 사람이 많을 확률이 높아 빈 택시가 줄어든 것처럼 느껴지는 거예요.

두 번째 이유는 심리적인 요인을 들 수 있습니다. 택시를 잡지 않을 때는 급한 일이 없고 여유롭게 걷던 중이라서 시간의 흐름이 그다지 민감하게 느껴지지 않아요. 게다가 '빈 차' 표시 등이 유독 눈에 잘 띄어서 관찰력에 편차가 생기죠. 손님을 태운 수많은 택시는 눈에 잘 들어오지 않으니까요. 하지만 택시를 잡으려고 할 때는 지나가는 모든 차에 집중하기 때문에 원래라면 신경 쓰지 않았을 택시, 즉 손님을 태운 택시도 전부 눈에 들어오겠지요. 빨리 목적지에 가야 한다는 생각에 마음이 급해지면 시간이 느리게 흐르는 것 같아서 택시를 잡는 것이 더 힘들게 느껴진답니다.

── 버스 ──

Q 버스 뒷자리에 앉아서 맨 앞에 설치된 TV를 보면 눈앞에 기둥 손잡이가 있어도 가려지는 부분 없이 TV 화면 전체가 다 보인다. 왜 그럴까?

기둥이 TV를 보는 내 시야를 가리고 있는데, 어떻게 기둥 뒤에 있는 TV 화면이 잘 보이는 걸까요? 혹시 빛의 굴절 때문이 아닐까 생각했나요? 어쩌면 머릿속에 '회절'(파동이 장애물을 만났을 때 휘어지거나 퍼지는 현상)이라는 단어가 떠올랐을지도 모르겠네요. 하지만 이런 현상이 나타나는 이유는 빛이 지나가는 길이 달라져서가 아니라 사람에게 눈이 두 개 있기 때문이랍니다!

사람은 왼쪽과 오른쪽에 눈이 하나씩 있고, 두 눈이 보는 장면은 각각 달라요. 대뇌는 두 눈이 수집한 신호를 받아서 최종적으로 하나의 장면을 만듭니다. 쌍안경에서 두 개의 원통으로 본 장면이 중앙의 큰 원통에 합쳐지는 것과 같은 원리죠.

한 가지 실험을 해 볼게요. 손가락을 허공에 대고 작은 물체 혹은 어떤 물체의 일부분을 가린 다음 왼쪽 눈을 감아 보세요. 그럼 손가락으로 가린 부분이 보이지 않을 거예요. 사람들이 주로 쓰는 눈인 주시안은 대부분 오른쪽 눈이거든요. 보통 왼쪽 눈보다 오른쪽 눈의 근시 도수가 더 높아요. 이번에는 손가락을 그 위치 그대로 둔 상태에서 오른쪽 눈을 감고 왼쪽 눈을 떠 보세요. 그럼 손가락에 가려져 있던 부분이 보일 거예요.

눈에 보이는 화면이 '움직이는' 정도는 화면과의 거리, 장애물과의 거리에 따라 달라지고 장애물의 크기와도 관련이 있어요. 시야를 가린 것이 기둥 손잡이가 아니라 100kg이 넘는 사람이라면 그 뒤에 있는 물체는 보이지 않겠지요. 장애물의 밀도가 블랙홀만큼 크다면 빨아들이는 힘 때문에 빛이 휘어져서 뒤에 있는 물체를 볼 수 있겠지만요.

<hr>

비행기

 **비행기의 창문은 왜 타원형일까?**

최초의 비행기는 창문이 타원형이 아니라 일상에서 흔히 볼 수 있는 다른 창문들처럼 직사각형이었어요. 기술의 발전으로 비행기와 같은 교통수단이 널리 보편화되면서 공기저항을 줄이고, 연료를 절약하는 동시에 압력이 낮은 대기층의 기류를 피하려고 비행기는 더 높이 날아야 했어요. 그에 맞춰 비행기 내부와 외부 구조를 조정했지요.

예를 들면 여행객의 생명에 지장이 없도록 비행기를 단단히 밀폐해 내부

압력을 유지했고, 상대적으로 높아진 내부 압력을 견딜 수 있도록 비행기 몸체를 원기둥 모양으로 설계했지요.

이런 변화로 비행기 내부와 외부의 기압 차이가 더 크게 벌어졌어요. 높이 날수록 기압 차가 커지다 보니 비행기는 미세하게 팽창했고, 비행기를 만드는 데 쓴 재료들은 변형되었어요. 비행기의 구조를 처음 조정했을 때는 기술자들이 창문 모양이 문제가 된다는 것을 몰라서 계속 직사각형 창문을 사용했지요. 그러다 비행기 추락 사고가 몇 번 발생하자 뒤늦게 창문 모양에 관해 관심을 가졌어요.

비행기는 내부 압력이 몹시 크기 때문에 창문이 직사각형이면 네 모서리에 응력이 집중돼서 안쪽에 균열이 생겨요. 또한 비행기는 비행 중에 다양한 하중을 받아 재료들이 일부 파손될 가능성도 있지요. 이때 하중과 내부 균열의 영향으로 비행기가 부서지면서 큰 사고가 날 수 있어요. 타원형 창문도 모든 부분에 일정한 응력이 가해지는 것은 아니지만 직사각형 창문에 비하면 훨씬 나은 편이지요.

비행기의 창문을 타원형으로 설계하는 것은 예뻐 보이기 위해서만은 아니에요. 응력이 특정 부분에 집중되는 것을 막아서 비행기의 수명과 승객의 안전을 지켜 주기 위해서랍니다.

Q 비행기는 어떻게 방향을 돌릴까?

자동차처럼 땅에서 다니는 교통수단을 조종하는 것은 비교적 쉬워요. 운전대로 앞바퀴를 돌려 방향을 정하면 되니까요. 반면 비행기는 지지하는 것 없이 하늘에 붕 떠 있다 보니 조종하기가 훨씬 복잡하고 어렵죠. 비행기를 움직이려면 '1차 조종면'이라고 불리는 승강타, 방향타, 보조날개를 움직여 방향을 바꿔야 합니다.

세 가지 1차 조종면의 본질은 모두 같아요. 셋 다 비행기 표면이 공기에 받는 힘을 변화시켜서 비행기의 중심에 대한 토크(돌림힘)를 만들어 비행기를 원하는 방향으로 돌리는 것이지요.

비행기의 방향을 바꿀 때는 주로 방향타와 보조날개를 사용합니다. '방향타'는 수직꼬리날개에서 뒤편의 움직이는 부분을 가리키는데, 보통 30도 정도 기울어져 있어요. 조종사가 왼쪽 페달을 밟으면 방향타가 왼쪽으로 돌아가요. 이때 정면에서 불어오는 기류로 방향타를 오른쪽으로 미는 힘이 생기죠. 이 힘이 무게중심과 어긋나 있기 때문에 비행기의 정면을 왼쪽으로 회전시키는 토크를 만들어서 비행기가 왼쪽으로 움직이는 거예요.

비행기를 오른쪽으로 움직이는 것은 방향만 다를 뿐 원리는 똑같습니다. 다만 방향타만 움직여서는 비행 방향을 미끄러지듯 양옆으로 살짝 트는 것밖에 못 해요. 방향을 확실하게 돌리려면 보조날개(비행기 주날개의 뒤쪽 끝에 가로로 붙어 있는 조종면)도 함께 조종해야 하지요. 조종사가 핸들을 왼쪽으로 누르면 왼쪽 보조날개는 위로, 오른쪽 보조날개는 아래로 뻗어져요.

참고로 비행기의 운동 방향과 날개의 각도를 '영각', 유체 속에서 움직이는 물체에 운동 방향과 수직으로 작용하는 힘을 '양력'이라고 합니다. 위로 뻗어진 왼쪽 보조날개는 영각이 작아지면서 왼쪽 주날개의 양력을 줄여 줘요. 반면 아래로 뻗어진 오른쪽 보조날개는 영각이 커지면서 오른쪽 주날개의 양력을 키우죠. 이때 주날개에 발생하는 양력 차이가 비행기를 왼쪽으로 기울게 만드는 거예요. 반대 방향도 마찬가지고요.

일반적으로 폭발물을 만지고 나면 미량의 폭발물 입자가 몸에 남아요. 검사원이 작은 종이로 문지르는 것은 사실 시험지로 옷이나 짐에 묻은 입자 샘플을 추출하는 거예요. 만약 몸에 폭발물 입자가 남아 있다면 시험지에 묻어 나오겠지요. 그 시험지를 검사 기계에 넣으면 그 사람이 폭발물이나 다른 위험한 물질을 만졌는지 확인할 수 있어요.

샘플을 추출할 때는 시험지 외에 내쉬는 호흡을 이용하기도 하는데, 검사 원리는 같아요. 호흡을 이용해 미량의 폭발물 입자를 탐지해 내는 기술은 농도가 낮은 기체를 측정하고 식별할 능력이 필요해서 개의 후각을 참고해 만들었어요. 이 기술은 '전자코'라고도 합니다.

폭발물 검사 기계의 구체적인 검사 방법은 여러 가지가 있어요. 그중 비교적 널리 쓰이는 이온 이동도 분석(IMS) 방법을 예로 들어 볼게요. 이온화시킨 샘플의 기체 분자는 이온의 종류마다 전기장을 따라 이동하는 시간이 다른데, 바로 이 점을 이용한 기술이에요. 측정한 이온의 이동 시간을 이미 알고 있는 폭발물 입자의 이동 시간과 비교하면 같은 물질이 포함되어 있는지 알 수 있어요. 이러한 방식으로 피검사자가 폭발물을 만진 적 있는지 확인할 수 있답니다.

Q **헬리콥터가 하루 동안 허공에 멈춰 있으면
지구 기준으로 위치가 달라질까?**

그렇지 않아요. 물리학에서 '정지'는 상대적인 개념이기 때문에, 당연히 기준을 어떻게 정하느냐에 따라 '허공에 멈춰 있는 것'의 해석도 달라집니다. 일반적으로 허공에 멈춰 있다고 하면 땅을 기준으로 말해요. 이 경우 땅에 있는 우리는 헬리콥터가 하늘에 뜬 채로 움직이지 않는 것처럼 보이지만, 만약 달에서 같은 장면을 본다면 헬리콥터가 지구의 자전을 따라 함께 도는 것처럼 보이겠지요. 가만히 땅에 서 있는 우리가 실제로는 지구와 함께 돌고 있는 것과 같은 이치예요. 허공에 멈춰 있는 헬리콥터는 시간이 얼마나 지나든 상관없이 처음의 그 자리에 떠 있을 테니 지구 기준으로 위치가 달라질 일은 없을 거예요.

Q **산소 문제는 고려하지 않았을 때,
비행기가 나는 고도에서 떨어진 개미는 죽을까?**

개미가 받을 힘에 대해 분석해 봅시다. 중력만 고려한다면 중력가속도는 $9.8m/s^2$ 이에요. 1만 m 상공에서 떨어진 개미가 바닥에 닿기까지 대략 45초가 걸리고, 최종 속도는 441m/s(약 1,590km/h)죠. 이 속도로 떨어진다면 개미는 무조건 죽은 목숨일 거예요. 하지만 개미는 중력 말고 공기저항과 부력의 영향도 받아요. 물체가 받는 공기저항은 추락 속도가 빠를수록 커진다는 연구 결과가 있고, 바람을 맞는 면적과도 관련이 있어요.

개미는 바람을 맞는 면적이 $20mm^2$ 남짓이라 떨어지는 빗방울보다 더 큰

공기저항을 받습니다. 개미 한 마리의 질량을 0.05g으로 가정했을 때, '중력 (G)=물체의 질량(m)×중력가속도(g=9.8m/s²)'라는 공식에 따라 계산하면 개미는 대략 0.00049N의 중력을 받는다는 것을 알 수 있어요.

개미의 추락 속도가 일정 수준이 되면 공기저항과 중력은 평형을 이루고 개미의 추락 속도는 더 이상 빨라지지 않아요. 계산해 보면 약 6.4km/h의 속도로 떨어집니다. 개미는 질량이 작아서 땅에 부딪히는 순간의 운동 에너지가 0.00008J밖에 되지 않는 데다 딱딱한 외골격과 단단한 근육을 가지고 있어 강한 충격을 견딜 수 있어요. 그래서 이렇게 약한 충격 에너지는 개미에게 아무런 위협도 되지 않는답니다.

고속열차

Q 옛날 기차의 바퀴는 왜 '쇠봉'으로 쭉 연결되어 있을까?

기차의 바퀴와 바퀴를 연결하는 '쇠봉'은 4개의 막대가 고리 모양을 이루어 힘을 전달하는 '4절 링크'라는 이름의 링크 장치입니다. 실린더 안에 있는 기체를 움직여서 만들어지는 피스톤의 힘을 연결된 기차 바퀴에 전달해 바퀴가 굴러가도록 만드는 역할을 하지요. 이러한 링크 장치는 일상에서도 아주 흔히 볼 수 있어요.

링크 장치에는 꽤 중요한 개념이 하나 있는데요. 바로 링크 장치의 각 링크가 나란하게 놓여 움직일 수 없게 되는 '사점(死點, dead point)'입니다. 사점에 아무리 강한 힘을 가해도 그 링크를 회전시킬 수 없어요. 기차의 링크 장치는 각 링크가 서로 사점을 피할 수 있도록 어긋나게 배열되어 있답니다.

오늘날 고속열차나 전동차에는 왜 이런 '쇠봉'이 없을까요? 이제는 전기로 힘을 얻기 때문이에요. 바퀴 하나하나가 전기를 통해 바로 힘을 받으니까 쇠봉으로 동력을 전달할 필요가 없어진 것이지요.

**Q 빠르게 달리는 기차에서는 철길 앞쪽에 놓인 침목이
잘 보이지 않는다. 고개를 뒤쪽으로 돌리는 순간에
침목이 잠깐 또렷하게 보이는 이유는 무엇일까?**

이것은 상대운동의 문제입니다. 빠르게 달리는 기차 안에서 눈동자와 머리를 고정한 채 창밖에 있는 어느 침목(철도에서 열차가 다니는 레일을 지지하는

막대)을 본다면 그 침목은 눈 깜짝할 사이에 시야에서 사라질 거예요.

간단한 계산을 통해 확인해 볼까요? 기차의 주행 속도가 50m/s이고 침목 사이의 간격이 0.5m라고 가정했을 때, 기차는 0.01초 만에 두 개의 침목을 지나쳐요. 이것은 사람 눈이 구분할 수 있는 속도인 0.1초보다 빠른 속도죠. 우리가 미처 반응하기도 전에 기차가 여러 개의 침목을 빠른 속도로 지나치기 때문에 침목을 또렷하게 볼 수 없는 거예요.

특정 침목을 또렷하게 보려면 무의식적으로 고개를 돌리거나 눈동자를 굴려야 합니다. 이번에도 계산을 통해 확인해 볼게요. 기차는 0.1초 만에 5m를 나아가고 기차에 탄 관찰자와 관찰할 특정 침목 사이의 거리가 약 5m라고 가정했을 때, 처음에는 앞을 보고 있던 관찰자가 0.1초 내 시선을 60° 돌릴 수만 있다면 그 침목을 또렷하게 볼 수 있을 거예요. 이때 눈동자까지 돌려서 고개를 돌리는 동작을 거들지요. 이 과정은 순식간에 일어나요.

Q 왜 같은 속도로 움직여도 자동차를 탈 때보다 고속열차를 탈 때 체감속도가 더 느릴까?

'체감속도'는 사실상 저마다 다른 차를 타는 사람들의 시각에 따라 달라지고 자동차 자체의 소음, 승차감, 유리의 변형성 등의 요소로 인한 인지적 차이라고 할 수 있습니다. 트럭과 승용차에서도 체감속도의 차이가 느껴지기도 해요. 일반적으로 트럭보다 승용차의 보닛이 길어서 시야가 좁고 도로의 특정 면적이 나타나는 시간도 짧아요. 그래서 승용차가 트럭에 비해 달리는 속도가 느린 '느낌'이 드는 것이지요.

고속열차는 객차가 단단히 밀폐되어 있어 소음이 적고 서스펜션의 기능이 좋아요. 게다가 창밖 근처에는 시야를 가리는 장애물이 거의 없고 멀리 있는 것은 작게 보이지만, 창문의 시야는 넓어서 특정 풍경이 보이는 시간이 길죠. 그래서 고속열차가 원래 속도보다 느리게 달리는 것처럼 느껴지는 거예요.

Q 모기는 달리는 고속열차 안에서 어떻게 자유롭게 날 수 있을까?

모기가 비행할 때 날개를 펄럭이는 횟수는 1초당 평균 594번입니다. 이때 위아래로 움직이는 날갯짓으로 생긴 공기의 와류와 날개의 진동에서 얻은 상승력 덕분에 모기는 공기 중에 떠 있을 수 있지요. 모기는 공기와의 상호작용을 통해 비행할 힘을 얻어요.

고속열차는 빠른 주행 속도로 인해 기압 차가 생기는 것을 막기 위해 객차 전체를 밀폐합니다. 외부 공기가 기차 안으로 들어오지 않으니 결과적으로 우리가 연구할 대상은 모기, 고속열차, 고속열차 내의 공기, 이 세 가지로 구성된 시스템인 셈이에요. 우선 고속열차가 출발할 때, 힘의 평형으로 인해 모기가 허공에 떠서 멈춰 있다고 가정할게요.

(1) 고속열차가 출발한 뒤에 공기와 고속열차가 같은 속도로 움직인다고 가정했을 때, 모기가 수직 방향으로 받는 힘은 중력과 공기의 상승력으로 출발 전과 변함없이 평형을 이룹니다. 반면 수평 방향으로는 열차와 함께 가속하는 공기로 인해 모기 혼자 열차 뒤로 뒤처지지 않도록 공기저항을 받아요. 공기저항은 공기와 모기의 상대적인 속도의 제곱에 비례합니다. 이에 따라 모기에게도 앞으로 나아가는 가속도가 생기고, 열차가 가속하는 동안 모기도 계속 가속 운동을 하게 됩니다.

(2) 고속열차가 충분히 속도가 빨라진 채로 속도를 유지하는 등속운동의 사례를 살펴볼게요. 모기가 아직 열차와 공기의 속력을 따라잡지 못했다면 지속적인 공기저항을 받아 계속 가속해요. 열차와 공기는 더 이상 가속하지 않으니 모기의 속도는 결국 공기의 속도를 따라잡고요. 마침내 같은 속도가 되어 상대적 정지 상태가 되면 비로소 그 모기는 자유 비행을 할 수 있어요.

(3) 고속열차가 멈출 때는 출발할 때와 비슷해요. 공기의 저항이 모기의 수평 방향 속도가 0이 될 때까지 속도를 늦추거든요. 물론 모기가 천장이 열려 있는 오픈카를 탔다면 공기의 흐름에 휩쓸려 날아가겠지요.

우주 엘리베이터

Q 적도에 우주 엘리베이터를 만들었다고 가정했을 때, 우주 엘리베이터를 타고 지구 정지궤도까지 올라가서 엘리베이터 밖에 위성을 조심스럽게 띄우면 어떻게 될까? 그 위성은 우주 엘리베이터 문 앞에 가만히 떠 있는 정지 위성이 될까, 아니면 추락할까?

위성은 추락하지 않을 거예요. 위성이 지구로부터 받는 중력이 원운동에 필요한 구심력의 크기와 딱 같을 거거든요.

정지 위성이 어떻게 적도의 특정 위치 위에서 지구를 계속 돌 수 있는지 생각해 볼게요. 이땐 중력이 구심력의 역할을 하기 때문에 '$GMm/r^2 = m\omega^2 r$'의 식으로 표현할 수 있습니다. 정지 위성의 회전 주기가 지구의 자전 주기와 같아야 하니까 위성의 각속도(ω, 시간당 회전 각도)는 지구 자전 각속도와 같은 값을 지녀야 해요. 그러려면 위성이 위 식을 통해 계산되는 특정 고도를 지구와 계속해서 유지해야 합니다. 이 고도를 지구 정지 궤도라고 합니다.

지구 정지 궤도는 위성의 질량(m)과는 무관하며 약 3만 5,800km의 값을 가져요. 즉, 어떤 위성을 사용하던 지구 정지 궤도에서 지구의 자전 각속도로 회전하는 물체는 지구 중력만으로 계속 원운동을 할 수 있다는 거죠.

위성 추진기는 중력을 거슬러야 할 뿐 아니라 궤도를 돌 수 있는 운동 에너지를 공급해야 합니다. 정말 우주까지 타고 갈 수 있는 엘리베이터가 개발된다면 위성 추진기의 역할을 우주 엘리베이터가 대신할 수 있겠지요. 엘리베이터가 오르내리는 길이 적도의 특정 지점에 고정되면 엘리베이터 자체가 지구의 자전 주기를 따라 원운동을 하게 됩니다. 엘리베이터를 타고 올라가는 동안 위성은 지구 자전 주기에 맞는 각속도를 유지하며 점차 운동 에너지를 얻게 됩니다.(주:동일한 각속도를 유지하려면 회전 중심에서 멀어질수록 속력이 빨라져야 해요.)

정지 위성 궤도까지 올라가면 정확히 지구 중력이 위성의 회전 운동을 유지시켜 주는 구심력이 되어 위성이 추락하지 않고 가만히 뜨게 되는 것이지요. 사실 엘리베이터를 타고 우주로 올라간 사람 역시 정지 위성과 함께 공중에 떠서 원운동을 할 거예요. 사람에게도 위성과 마찬가지의 일이 일어날 테니까요.

Q **정말 지구에서 달까지 이어지는 긴 사다리를 만들 수 있을까? 만약 만들어 낸다면 사람이 천천히 사다리를 타고 달까지 갈 수 있을까?**

우주 엘리베이터라는 개념은 1895년 콘스탄틴 치올콥스키에 의해 처음 세상에 등장했습니다. 꽤 오랜 시간 동안 우주 엘리베이터는 그저 공상 과학에 머물렀죠. 수많은 회사가 관련 프로젝트를 계획했지만 실현하지 못했고, 우주 엘리베이터라는 개념은 지금까지도 상상 속 교통수단으로 남아 있어요. 우주 엘리베이터를 만들 수 있을 만큼 튼튼한 재료를 찾지 못했기 때문이지요.

우주 엘리베이터를 만드는 것이 대체 얼마나 어려울까요? 일단 달과 지구는 상대 정지 상태가 아니에요. 지구를 기준으로 봤을 때 달은 어느 한 지점의 하늘에 머물러 있지 않잖아요. 그래서 달과 지구를 연결하는 사다리를 만들 수는 없어요. 그렇다면 차선을 생각해야겠지요. 두 가지 대안을 소개해 볼게요.

첫 번째 방법은 달에 사다리를 매달고 지구와 고정하지 않는 거예요. 달은 항상 같은 면이 지구를 바라보고 있기 때문에 이런 상상을 해 볼 수 있죠. 이 사다리의 끝부분은 달과 함께 지구를 돌기 때문에 그 사다리가 여러분의 집 앞을 지나칠 때 올라탈 수 있어요. 참고로 달은 한 달에 지구 한 바퀴를 돌긴 하지만, 여러분의 집 앞을 꼭 지나친다는 보장은 없답니다. 여러분이 사다리를 쫓아가서 올라타야 할 거예요.

두 번째 방법은 지구에 사다리를 세우고 윗부분을 달에 고정하지 않는 거예요. 사다리를 타고 끝까지 올라가서 하루에 한 번 달이 지구와 스쳐 지나가는 순간에 달로 건너가는 것이지요. 참고로 이때 달이 스쳐 지나가는 상대 속도는 약 28km/s예요.

두 방법 중 어느 쪽이 더 쉬워 보이나요? 차라리 다른 교통수단을 타고 달에 가는 편이 낫겠어요. 사다리를 오를 수 있는 다른 방법을 찾는다고 하더라도 더 큰 문제는 사다리를 만드는 데 있어요. 각각의 경우 우주 엘리베이터를 대체 얼마나 튼튼하게 지어야 하는지 생각해 봅시다.

우주 엘리베이터가 얼마나 튼튼해야 하는지 판단하려면 다음 두 가지를 고려해야 해요. 하나는 고도에 따라 중력이 달라진다는 것이고, 다른 하나는 우주 엘리베이터가 중력으로 인해 누적된 '자기 무게'를 버텨야 한다는 것이에요. 여기서 말하는 '자기 무게'란 평소처럼 지구의 중력만을 말하는 것이 아닌 지구와 달의 중력과 원심력 모두를 합한 결과를 말해요. 또한 버틴다는 것은 눌리는 것을 버티는 것뿐 아니라 잡아당겨지는 것을 버티는 것도 포함한 의미입니다.

달에 사다리를 설치하는 첫 번째 방법부터 살펴볼게요. 첫 번째 방법은 비교적 쉬운 편이에요. 상대적으로 천천히 회전해서 원심력의 영향이 크지 않기 때문이죠. 각속도가 일정하면 원심력은 지구에서 멀어질수록 커져요. 하지만 사다리가 달과 함께 한 달에 한 바퀴 지구를 돌기 때문에 그 회전 각속도가 지구의 자전 각속도보다 한참 작습니다. 지구 반지름의 27배만큼 높은 고도에 올라야 비로소 우리가 평소에 지표면에서 받는 원심력만큼의 효과를 볼 수 있어요.

사실 우리는 평소에도 지표면에서 물체를 들 때 원심력의 도움을 약간 받고 있거든요. 지구가 자전하니까요. 고도가 높아지다 특정 지점을 넘으면 지구 중력보다 달의 중력이 더 강해지기 때문에 원심력은 달 쪽 방향으로 무게를 더 커지게 합니다. 비교적 쉬운 편이라곤 했지만 당연하게도 첫 번째 방법 역시 쉽지 않아요. 필요한 비강도가 최대 $6 \times 10^7 \text{N}/(\text{kg/m})$거든요.

만약 재료의 선밀도가 1kg/m라면 그 거대한 우주 엘리베이터가 자신의 무게를 견디기 위해서는 최대 '$6 \times 10^7 \text{N}$'에 달하는 힘을 견뎌야 해요. 이것은 지면에서 6,000톤에 달하는 물건을 들기 위한 힘이기도 합니다. 재료와 기술이 같은 상황에서 강도를 높이려면 재료를 더 압축시켜서 선밀도(kg/m)를 높여야 합니다.

모든 곳에 강도를 똑같이 높게 하라는 것은 아니에요. 낮은 고도에서 물체가 받는 하중은 비교적 큽니다. 지면에서 1kg짜리 물건을 드는 데 약 9.8N의 힘이 필요하지만, 지구에서 멀어질수록 중력이 줄어들어서 같은 물건을 들어도 가볍게 느껴지는 것처럼요. 다만 높은 고도에서는 자체의 하중은 작지만, 누적된 하중을 견뎌야 하므로(이때 하중을 견딘다는 것은 달에 고정된 사다리가 지구 쪽으로 잡아당겨지는 힘을 버티는 것을 의미해요.) 강도가 훨씬 높아야 해요. 우주 엘리베이터의 아랫부분은 재료를 적게 써서 하중을 줄이고, 윗부분에는 재료를 많이 써서(선밀도를 높게 하여) 강도를 높이면 되겠지요.

지구에 사다리를 설치하는 두 번째 방법을 살펴볼게요. 이 방법에서 우주 엘리베이터의 회전 속도는 지구의 자전 속도와 같고 첫 번째 방법보다 훨씬 빠르게 회전해요. 지구 정지 궤도 높이에 오르면 원심력이 지구 중력을 모두 상쇄하고, 그보다 더 높이 올라가면 원심력이 중력보다 커져요. 이제는 반대로 원심력이 지구 바깥으로 미는 힘을 견뎌야 하지요. 게다가 첫 번째 방법과 마찬가지로 달에 가까워질수록 달의 중력에 영향을 받는다는 점을 생각해야 해요. 각 고도에서 달의 중력과 강력한 원심력이 만들어 낸 누적된 하중을 버티려면 최대 38×10^7N/(kg/m)의 비강도가 필요합니다.

인류는 지금 얼마나 단단한 재료를 가지고 있을까요? 현재 강도가 가장 높은 재료는 비강도가 약 0.7×10^7N/(kg/m)인 탄소 섬유고 대량생산도 가능해요. 이보다 강도가 높다고 알려진 그래핀이나 단일벽 탄소 나노튜브는 비강도가 $10 \sim 20 \times 10^7$N/(kg/m)이라고 하지만, 이것은 이론적인 수치이고 대량생산도 불가능하지요. 그래핀이나 단일벽 탄소 나노튜브를 사용해 38만km(지구에서 달까지 거리) 길이의 우주 엘리베이터를 만든다 해도 기대할 수 있는 비강도는 최대 0.01×10^7N/(kg/m)이니까 필요한 비강도의 1/600밖에 안 돼요.

결론적으로 사다리를 타고 오르는 것보다 사다리를 만드는 것이 더 어려

교통수단 속 물리 Q & A

운 문제예요. 우리가 사는 동안 지구와 달을 오갈 수 있는 우주 엘리베이터가 만들어지길 기대해 봅시다!

─────────── 우주선 ───────────

 **로켓, 우주선과 같은 우주 설비는 어떤 연료를 쓸까?**

　로켓이나 미사일 등 비행 설비에 쓰는 물질은 연료와 산화제 두 가지로 나 뉩니다. 두 물질의 관계는 양초와 산소의 관계 같아서 연소할 때 하나라도 빠 지면 안 돼요. 엄밀히 말해서 산화제는 연료와 구별되는 개념이지만, 산화제 와 연료를 섞어서 활용하기 때문에 산화제를 함께 연료라고 부르기도 해요. 보통 로켓 연료는 연료와 산화제를 고체 형태로 사용하는 고체 연료와 둘 다 액체 형태로 쓰는 액체 연료로 구분되죠.

　처음에는 로켓을 발사할 때 화약을 사용했어요. 하지만 화약의 연소는 조 절하기가 어렵고 효과도 떨어졌죠. 그러다 1926년에 로버트 고다드가 세계 최초로 액체 연료를 사용해 로켓을 발사했습니다. 이 액체 연료는 액체 산소 와 휘발유를 섞어서 만든 것이었어요.

　제2차 세계대전이 일어나자 독일은 탄도미사일이라고도 할 수 있는 V2로 켓을 개발하고, 액체 산소에 알코올을 넣은 연료를 사용했습니다. 액체 연료 는 오염이 없다는 것이 장점이에요. 액체 수소와 액체 산소를 결합한 연료는 성능이 좋고 오염도 없죠. 이것은 오늘날 비추력(연료 효율성을 나타내는 지표) 이 400초를 넘는 유일한 조합이에요.

　하지만 액체 산소를 산화제로 쓰는 극저온 연료는 단점이 하나 있습니다.

바로 연료탱크를 꽉 닫으면 안 된다는 것이지요. 극저온 연료를 넣고 연료탱크를 꽉 닫으면 온도가 올라가면서 액체 물질이 증발하고, 결국 압력이 과도하게 높아져서 연료탱크가 폭발할 수 있거든요. 그런데 연료탱크를 꽉 닫지 않으면 연료가 샐 수도 있어요. 그래서 로켓을 발사하기 전날 밤에 연료를 넣을 수밖에 없었죠.

수시로 발사해야 하는 탄도미사일에 이 단점은 치명적이었어요. 2세대 대륙간 탄도미사일에 고체 연료를 쓰게 되는 중요한 이유가 됩니다. 극저온 연료와 달리 하이드라진 계열의 액체를 연료로 쓰면 상온에서도 안정적으로 보관할 수 있어요. 이때 산화제로 질산이나 사산화이질소를 씁니다. 사산화이질소가 분해될 때 만들어지는 이산화질소는 적갈색을 띠는데, 이 때문에 로켓이 발사될 때 적갈색의 배기가스가 나오는 거예요. 하이드라진 계열의 물질은 강한 독성이 있어서 주의가 필요합니다.

고체 연료는 오랫동안 보관할 수 있을 뿐 아니라 충격을 받거나 흔들려도 상태가 불안정해지지 않아서 군사용으로 쓰입니다. 흔히 쓰이는 고체 연료에는 수소화붕소나트륨, 다이메릴 디이아이소시아네이트, 페로센, 리튬, 베릴륨, 마그네슘, 알루미늄, 붕소 등 밀도가 작은 물질이 있어요. 이런 원료들을 분말 형태로 만들어 표면적을 넓히면 연소가 더 빨리 일어나게 할 수 있답니다.